RECHERCHES EXPÉRIMENTALES

sur

LE DÉVELOPPEMENT DU BLÉ

Extrait du XVe volume des Mémoires de la Société Linnéenne de Normandie.

Caen, imprimerie de F. Le Blanc-Hardel.

RECHERCHES EXPÉRIMENTALES

SUR LE

DÉVELOPPEMENT DU BLÉ

ET SUR LA RÉPARTITION

DANS SES DIFFÉRENTES PARTIES, DES ÉLÉMENTS QUI LE CONSTITUENT

À DIVERSES ÉPOQUES DE SA VÉGÉTATION

par

J.-Isidore PIERRE

MEMBRE CORRESPONDANT DE L'INSTITUT, PROFESSEUR A LA FACULTÉ DES SCIENCES DE CAEN
PRÉSIDENT DE LA SOCIÉTÉ LINNÉENNE DE NORMANDIE, ETC.

AVEC 68 PLANCHES

PARIS

CH. DELAGRAVE ET Cⁱᵉ, LIBRAIRES-ÉDITEURS

ANCIENNE MAISON DEZOBRY MAGDELEINE ET Cⁱᵉ

RUE DES ÉCOLES, 78

1866

Le travail que j'ai l'honneur de soumettre aujourd'hui à l'appréciation des agronomes, des chimistes et des savants qui s'occupent de physiologie végétale, est le fruit de près de quinze années d'études, entreprises d'abord à des points de vue très-divers et reprises plus tard dans leur ensemble.

J'en avais déjà communiqué quelques fragments à l'Académie des Sciences de l'Institut, et à la Société Linnéenne de Normandie qui en a ordonné l'impression dans ses *Mémoires*.

Plusieurs des conséquences auxquelles m'a conduit ce travail m'ont paru nouvelles, et c'est à ce titre que j'ai cru devoir les exposer d'une manière précise, avec quelques détails, afin d'appeler sur elles l'attention des savants et de fournir, au besoin, les éléments de cette discussion sérieuse qui précède toujours l'admission dans la science des vérités nouvelles.

Pour rendre cette discussion plus facile, j'ai résumé, par de nombreux tracés graphiques placés à la fin de l'ouvrage, l'ensemble des résultats principaux fournis par l'analyse chimique. Ce mode de représentation, qui tend à se généraliser aujourd'hui, m'a toujours paru le plus propre à parler simultanément aux yeux et à l'intelligence.

Je saisis, avec empressement, l'occasion qui m'est offerte ici de remercier publiquement MM. *Puchot*, *Blin* et *Lucet*, du concours actif et dévoué qu'ils m'ont constamment prêté dans les manipulations délicates sans lesquelles les prises d'échantillons n'auraient pu conduire qu'à des résultats d'une médiocre précision et, par suite, d'une utilité contestable.

TABLE DES MATIÈRES.

RECHERCHES EXPÉRIMENTALES

SUR LE

DÉVELOPPEMENT DU BLÉ

ET

SUR LA RÉPARTITION, DANS SES DIFFÉRENTES PARTIES, DES ÉLÉMENTS QUI LE CONSTITUENT

A DIVERSES ÉPOQUES DE SON DÉVELOPPEMENT.

CONSIDÉRATIONS GÉNÉRALES.

Parmi les questions les plus délicates que puisse nous offrir l'agronomie, nous trouvons en première ligne l'étude des éléments constitutifs fondamentaux des principales plantes cultivées, celle de la forme la plus convenable sous laquelle il conviendrait de mettre ces substances à la disposition des plantes, et la détermination de l'époque à laquelle ces dernières en ont le plus besoin pour accomplir les phases successives de leur développement normal et régulier.

Depuis que l'homme s'occupe d'agriculture, il a cherché, tant bien que mal, une solution empirique de ces questions fondamentales; mais on pourrait encore dire, aujourd'hui, que nul agriculteur ne serait en mesure d'affirmer qu'il opère véritablement d'une manière rationnelle,

1

que sa manière d'opérer se fonde sur autre chose que sur l'habitude, et que cette habitude elle-même soit autre chose que de l'empirisme.

C'est que, pour se rendre un compte exact des premiers besoins des plantes, pour suivre ces besoins aux diverses époques de la vie de nos récoltes, il ne suffit pas d'une simple observation générale des faits apparents : si l'observateur le plus judicieux et le plus intelligent n'est pas toujours trompé par les apparences, il ne peut réellement se rendre compte de ce qu'il voit qu'en appelant à son aide une étude approfondie et détaillée des faits dont il cherche l'explication.

Mais c'est là qu'apparaissent bien vite des difficultés immenses, résultant de la longueur et de la multiplicité des recherches à faire, difficultés devant lesquelles il est bien permis d'hésiter un peu.

Il ne s'agit, en effet, de rien moins que de suivre pas à pas, depuis son jeune âge jusqu'à sa maturité, le développement de chaque espèce de plante cultivée, de suivre non-seulement son accroissement de poids brut, mais encore les variations qu'elle éprouve dans sa composition, en parcourant successivement les diverses phases de son existence. Ensuite, dans chaque plante, toutes les parties n'ont pas la même importance, le même degré d'utilité, elles ne sont pas destinées au même emploi : c'est ainsi que, dans le Blé, le grain sert à la nourriture de l'homme, tandis que la paille est destinée à la nourriture du bétail ou à la confection des fumiers ; c'est ainsi que, dans le Colza, la graine fournit de l'huile à l'industrie et des tourteaux pour l'alimentation des animaux ou pour l'engrais des terres, tandis que les tiges servent habituellement de litière ou de combustible. De là, des points de vue différents, des objets d'étude distincts.

Un instant de réflexion suffira donc pour faire entrevoir le temps considérable nécessaire pour de pareilles recherches, qui exigeraient la vie entière de plusieurs générations d'expérimentateurs, même en se bornant à l'étude d'un petit nombre de plantes usuelles.

Je n'étonnerai donc pas mes collègues en venant ici leur déclarer qu'après quinze années d'études spéciales et assidues, je n'ai pas encore terminé d'une manière satisfaisante, à ce point de vue, l'étude du Colza et celle du Froment.

J'ai déjà communiqué successivement à la Société Linnéenne de

Normandie le résultat de mes études sur le colza (1) et une partie de celles que j'ai faites sur le blé (2) ; je viens compléter aujourd'hui l'exposé des nouvelles recherches que j'ai faites sur le développement de cette importante céréale et sur les variations successives de composition de ses différentes parties.

CHAPITRE Ier.

MARCHE SUIVIE DANS LES EXPÉRIENCES.

J'ai déjà insisté, dans l'exposé de mes précédentes recherches, sur les minutieuses précautions sans lesquelles de pareilles études, malgré toute la conscience qu'on s'efforcerait d'y mettre d'ailleurs, ne pourraient conduire à aucun résultat pratiquement utile ; je ne crois pas devoir aujourd'hui revenir sur le détail de ces précautions.

Je me bornerai à insister sur ce point, que l'on doit opérer sur des échantillons convenables, suffisants pour qu'on puisse les considérer comme l'expression de l'état moyen d'une récolte ; mais que ces échantillons ne doivent pas être assez volumineux pour être une source d'embarras et de difficultés sans profit pour l'exactitude des résultats. Chacun des échantillons d'essai qui m'ont servi dans ces nouvelles études représentait, suivant les circonstances, le produit de 2 à 4 centiares de superficie, prélevé dans la partie du champ qui se présentait avec le plus de régularité dans son ensemble.

En suivant, dans mes précédentes études, les variations de composition que subit une récolte de blé, à mesure qu'elle parcourt les diverses phases successives de son développement, j'ai été frappé des énormes différences que présentent, sous ce rapport, les diverses parties de la plante : racines, feuilles, tiges, épis ; je me suis proposé, dans ces nouvelles recherches, tout en contrôlant les résultats des pre-

(1) *Bulletin de la Société Linnéenne de Normandie*, t. V, p. 18, 1859-1860.
Deuxième mémoire, même recueil, t. VII, p. 12, 1861-1862.
Troisième partie, même recueil, t. VII, p. 54, 1862-1863.
(2) *Id.*, t. IX, année 1863-1864.

mières, de faire un examen plus intime et plus détaillé des différences dont je viens de parler, et pour tâcher d'y parvenir, voici sur quelles données j'ai établi mon point de départ :

Une plante de blé peut être considérée comme formée de plusieurs parties, en quelque sorte superposées, que les botanistes ont désignées sous le nom de *mérithalles.*

Chacun de ces mérithalles se compose d'un nœud, d'une feuille et d'une portion de tige qu'on appelle entre-nœuds.

A une époque déterminée quelconque de la vie de la plante, ces divers mérithalles superposés n'ont pas la même composition chimique, et il en est de même des différentes parties d'un même mérithalle, nœud, feuille, entre-nœuds. En passant d'une époque à une autre, chacune des parties d'un mérithalle quelconque et le mérithalle tout entier lui-même change de composition.

Enfin, des changements analogues s'opèrent dans les différentes parties constitutives de l'épi (graines, balles, rachis).

C'est la suite de ces transformations que je me suis proposé d'étudier, et, malgré tout le temps que j'y ai consacré, j'ai certainement encore laissé beaucoup à faire à mes successeurs.

Les échantillons destinés à servir d'objet d'études ont été prélevés aux époques ci-après indiquées :

1° Le 11 mai 1864, avant l'épiage, alors que les tiges avaient acquis déjà un certain développement ; il était très-difficile encore, même en déroulant avec précaution les feuilles supérieures emboîtées les unes dans les autres, d'en séparer des rudiments d'épis susceptibles d'être utilisés ;

2° Le 3 juin, au moment de l'épiage, les épis étaient généralement sortis ou sur le point de sortir de la dernière feuille supérieure qui les protége pendant leur premier développement ;

3° Le 22 juin, vers la fin de la floraison ;

4° Le 6 juillet, alors que le grain, déjà formé et assez volumineux, pouvait encore être facilement réduit en bouillie sous la simple pression des doigts ;

5° Enfin, la dernière prise d'échantillon eut lieu le 25 juillet, le jour même que se fit la récolte du reste du champ.

La récolte-échantillon prélevée à chacune des époques ci-dessus indiquées était, aussi promptement que possible, subdivisée de la manière suivante :

On comptait d'abord le nombre total des touffes de blé contenues dans chaque parcelle, puis le nombre total des tiges de toutes grandeurs.

On distinguait ensuite dans celles-ci :

Les tiges *vigoureuses* qui portaient ou dont il était raisonnablement permis d'espérer un épi normal;

Les tiges de vigueur au-dessous de la moyenne et d'une réussite *douteuse;*

Enfin, les tiges *atrophiées* déjà plus ou moins desséchées sur pied.

Chacune de ces catégories de tiges a été examinée séparément, et celles de la première catégorie ont été seulement soumises à une subdivision détaillée de la manière suivante :

1° Épis;	8° Deuxième entre-nœuds;
2° Partie supérieure de la tige comprise entre l'épi et le premier nœud supérieur;	9° Troisième feuille;
	10° Troisième nœud;
	11° Troisième entre-nœuds;
3° Première feuille supérieure;	12° Quatrième nœud;
4° Premier nœud supérieur;	13° Quatrième feuille;
5° Premier entre-nœuds supérieur;	14° Quatrième entre-nœuds;
6° Deuxième feuille;	15° Cinquième feuille;
7° Deuxième nœud;	16° Cinquième nœud.

Nous devons, toutefois, faire une réserve spéciale en ce qui concerne le poids total des trois dernières parties, et voici pourquoi : il arrive assez souvent que le nœud inférieur de certaines tiges (le cinquième nœud en descendant) s'enracine et constitue alors une sorte de collet secondaire qui n'offre plus la physionomie ni la composition des nœuds complètement libres. Chaque fois que le fait s'est présenté, nous avons rejeté ces nœuds enracinés, ainsi que la feuille correspondante et le quatrième entre-nœuds, ce qui diminuait d'autant le poids total des parties correspondantes, mais n'exposait pas à en dénaturer la composition chimique moyenne.

Bien que le poids de chacune de mes récoltes d'essai ne fût pas très-considérable, la subdivision par lots dont il vient d'être question nécessitait, à raison de la longueur du temps qu'elle exigeait, l'emploi simultané de quatre ou cinq personnes, pour prévenir, par une plus grande célérité de manipulations, des chances d'altération qui auraient pu modifier les résultats et les conséquences qu'on en devait tirer.

Ces diverses parties, après avoir été soumises à une dessication progressive, étaient réduites en une sorte de poudre *homogène*, éminemment propre aux épreuves qui ne peuvent se faire commodément qu'avec des quantités restreintes de matière. Cette mouture préalable se faisait au moyen d'un petit moulin-égrugette à sarrasin, qui m'a rendu de très-grands services dans des recherches de ce genre, depuis une quinzaine d'années, et dont je me félicite d'avoir propagé l'emploi dans les laboratoires de chimie agricole.

Le produit de la mouture était soigneusement brassé, afin de lui donner l'homogénéité nécessaire pour que chaque gramme de matière et, au besoin, chaque décigramme offrît une représentation fidèle de la masse entière.

Cet état sec et pulvérulent des matières à examiner permet d'en conserver pendant longtemps des échantillons, pour toutes les vérifications qui peuvent devenir plus tard utiles ou nécessaires, ou même pour effectuer des recherches complémentaires qui n'étaient pas entrées d'abord dans les plans de l'observateur.

Il est à peine utile d'ajouter que, pour obtenir ces matières dans un état de complète siccité, il était nécessaire d'en faire, à ce point de vue, un essai spécial, dans lequel elles pouvaient encore perdre plusieurs centièmes de leur poids d'humidité.

CHAPITRE II.

PREMIÈRE RÉCOLTE.

Observations du 11 mai 1864.

Nombre de touffes sur 4 centiares. 956
Tiges normales de diverses forces. 1310
— de réussite douteuse. 650
— atrophiées. 1328
Total. . . . . . . 3288 tiges diverses,

ce qui correspond à un tallage moyen de 3,44, soit un peu moins de trois tiges et demie par touffe.

La subdivision des tiges normales a donné :

	Matière sèche dans la parcelle.		Matière sèche par hectare.
	gr.		kil.
Cinquièmes nœuds (inférieurs)	6,009	. . . .	15,022
Cinquièmes feuilles	60,928	. . . .	152,320
Quatrièmes entre-nœuds.	32,246	. . . .	80,615
Quatrièmes nœuds	12,084	. . . .	30,21.
Quatrièmes feuilles	99,954	. . . .	249,89.
Troisièmes entre-nœuds.	24,064	. . . .	60,161
Troisièmes nœuds.	8,554	. . . .	21,885
Troisièmes feuilles	114,526	. . . .	286,31.
Partie supérieure des tiges, contenant en bloc les autres parties trop difficiles à séparer. . . .	78,226	. . . .	195,564
Tiges moyennes ou douteuses.	99,584	. . . .	248,96.
Tiges atrophiées	30,214	. . . .	76,07.
Poids total de la récolte, non compris les racines (1).	566,389	. . . .	1417,007

En analysant séparément chacune de ces parties, on a trouvé la succession de résultats qui vont suivre :

1. — Partie supérieure des tiges normales contenant réunis les premiers et deuxièmes nœuds, les premières et deuxièmes feuilles, les rudiments d'épis, les premiers et deuxièmes entre-nœuds, et la partie supérieure du chaume comprise entre l'épi et le premier nœud.

	Par kilog. de matière sèche.		Par hectare.
	gr.		kil.
Matières combustibles ou volatiles (déduction faite de l'azote).	866,924	. . . .	169,539
Azote en combinaison (moyenne de deux dosages). .	49,13.	. . . .	9,608
Substances minérales (cendres).	83,946	. . . .	16,417

COMPOSITION DES CENDRES.

Silice	8,271	. . . .	1,618
Oxydes de fer et de manganèse.	7,953	. . . .	1,555
Acide phosphorique.	9,834	. . . .	1,923

(1) En exceptant les tiges atrophiées, qu'on a séparées et recueillies comme on a pu, la récolte a toujours été comptée à partir du dernier nœud inférieur non enraciné, inclusivement.

Chaux	8,792	4,719
Magnésie	4,533	0,800
Potasse	26,248	5,433
Soude	5,267	1,030
Substances diverses non dosées (acide carbonique, charbon, etc.)	16,048	3,139

2. — Troisièmes feuilles.

	Par kilog. de matière sèche. gr.	Par hectare. kil.
Matières organiques combustibles ou volatiles (déduction faite de l'azote).	885,088	253,410
Azote en combinaison (moyenne de deux dosages). .	37,84	10,834
Substances minérales (cendres)	77,072	22,066

COMPOSITION DES CENDRES.

Silice	18,525	5,304
Oxyde de fer	3,934	1,125
Acide phosphorique	6,635	1,899
Chaux	12,497	3,578
Magnésie	2,350	0,673
Potasse	12,029	3,444
Soude	11,543	3,305
Substances diverses non dosées (acide carbonique, chlore, charbon, etc.)	9,562	2,738

3. — Troisièmes nœuds.

	Par kilog. de matière sèche. gr.	Par hectare. kil.
Matières organiques combustibles ou volatiles (déduction faite de l'azote)	826,918	18,097
Azote en combinaison (moyenne de deux dosages) .	62,62	1,371
Substances minérales (cendres)	110,462	2,417

COMPOSITION DES CENDRES.

Silice	6,223	0,136
Oxyde de fer	2,217	0,049
Acide phosphorique	8,557	0,187
Chaux	10,230	0,224
Magnésie	6,225	0,136

Potasse	46,908	. . . .	1,027
Soude.	0,007	. . . .	0,001
Substances non dosées (acide carbonique, chlore, charbon, etc.)	29,995	. . . .	0,657

4. — Troisièmes entre-nœuds.

	Par kil. de matière sèche. gr.		Par hectare. kil.
Matières organiques combustibles ou volatiles (azote déduit).	863,275	. . . .	51,935
Azote en combinaison (moyenne de trois dosages).	40,06.	. . . .	2,410
Substances minérales (cendres)	96,665	. . . .	5,816

COMPOSITION DES CENDRES.

Silice	3,250	. . . .	0,196
Oxyde de fer.	1,109	. . . .	0,067
Acide phosphorique.	5,056	. . . .	0,304
Chaux.	6,031	. . . .	0,363
Magnésie.	0,603	. . . .	0,036
Potasse	46,741	. . . .	2,812
Soude.	5,789	. . . .	0,348
Substances non dosées (chlore, acide carbonique, charbon, etc.)	28,086	. . . .	1,690

5. — Quatrièmes feuilles.

	Par kil. de matière sèche. gr.		Par hectare. kil.
Matières organiques combustibles ou volatiles (azote déduit).	879,753	. . . .	219,842
Azote en combinaison (moyenne de deux dosages).	33,16.	. . . .	8,286
Substances minérales (cendres).	87,087	. . . .	21,762

COMPOSITION DES CENDRES.

Silice.	27,092	. . . .	6,770
Oxyde de fer.	1,915	. . . .	0,479
Acide phosphorique.	5,680	. . . .	1,419
Chaux.	15,987	. . . .	3,995
Magnésie.	3,133	. . . .	0,783
Potasse.	5,666	. . . .	1,416
Soude.	11,202	. . . .	2,799
Substances diverses non dosées (acide carbonique, chlore, charbon, etc.).	16,412	. . . .	4,101

6.—Quatrièmes nœuds.

	Par kil. de matière sèche. gr.		Par hectare. kil.
Matières organiques combustibles ou volatiles (azote déduit).	878,075	. . . .	26,527
Azote en combinaison.	37,91	. . . .	1,145
Substances minérales (cendres).	84,015	. . . .	2,538

COMPOSITION DES CENDRES.

Silice	17,965	. . . .	0,543
Oxyde de fer	0,137	. . . .	0,004
Acide phosphorique	7,926	. . . .	0,239
Chaux.	9,993	. . . .	0,302
Magnésie.	2,114	. . . .	0,064
Potasse	34,647	. . . .	1,047
Soude.	1,475	. . . .	0,044
Substances diverses non dosées (acide carbonique, chlore, charbon, etc.).	9,758	. . . .	0,295

7. — Quatrièmes entre-nœuds.

	Par kil. de mat. sèche. gr.		Par hectare. kil.
Matières organiques combustibles ou volatiles (azote déduit).	925,51	. . . .	74,610
Azote en combinaison.	17,49	. . . .	1,410
Substances minérales (cendres).	57,...	. . . .	4,595

COMPOSITION DES CENDRES.

Silice.	8,512	. . . .	0,686
Oxyde de fer	0,486	. . . .	0,039
Acide phosphorique	4,326	. . . .	0,349
Chaux.	5,314	. . . .	0,428
Magnésie.	0,618	. . . .	0,050
Potasse	15,199	. . . .	1,226
Soude.	13,814	. . . .	1,114
Substances diverses non dosées.	8,731	. . . .	0,703

8 — Cinquièmes feuilles.

	Par kil. de matière sèche. gr.		Par hectare. kil.
Matières organiques combustibles ou volatiles (azote déduit.	861,41	. . . .	134,210

Azote en combinaison (moyenne de deux dosages).   18,00.   2,742
Substances minérales (cendres). 120,59.   18,368

COMPOSITION DES CENDRES.

Silice . . . .   60,330 . . . .   9.189
Oxyde de fer. 3,989   0,608
Acide phosphorique 5,658   0,862
Chaux. 17,158   2,614
Magnésie.   1,415   0,216
Potasse 5,741   0,874
Soude. 13,225   2,014
Substances diverses non dosées. 13,074   1,991

9. — Cinquièmes nœuds (nœuds inférieurs).

	Par kil. de matière sèche. gr.	Par hectare. kil.
Matières organiques combustibles ou volatiles (azote déduit)	881,144	13,236
Azote en combinaison.	31,86.	0,479
Substances minérales (cendres).	86,996	1,307

COMPOSITION DES CENDRES.

Silice 32,287   0,485
Oxyde de fer 0,904   0,013
Acide phosphorique 6,278   0,094
Chaux. 8,520   0,128
Magnésie.   4,933   0,074
Potasse 32,134   0,483
Soude. 1,372   0,021
Substances diverses non dosées 0,568   0,009

10. — Tiges moyennes ou douteuses (prises dans leur ensemble).

	Par kil. de matière sèche. gr.	Par hectare. kil.
Matières organiques combustibles ou volatiles (azote déduit).	866,488	215,721
Azote en combinaison (moyenne de deux analyses).	39,28.	9,779
Substances minérales (cendres)	94,232	23,460

COMPOSITION DES CENDRES.

Silice	28,334	 7,054
Oxyde de fer	3,937	 0,980
Acide phosphorique	7,876	 1,961
Chaux	12,739	 3,172
Magnésie	3,938	 0,980
Potasse	14,967	 3,726
Soude	9,775	 2,434
Substances diverses non dosées	12,666	 3,153

11. — Tiges atrophiées.

La plupart de ces tiges étaient déjà presque entièrement desséchées, et beaucoup d'entr'elles ne consistaient qu'en deux feuilles chétives enroulées l'une dans l'autre.

	Par kil. de matière sèche. gr.	Par hectare. kil.
Matières organiques combustibles ou volatiles (azote déduit)	856,876	 65,182
Azote en combinaison (moyenne de deux dosages) . .	35,96 .	 2,736
Substances minérales	107,164	 8,152

COMPOSITION DES CENDRES.

Silice	43,966	 3,345
Oxyde de fer	9,597	 0,730
Acide phosphorique	6,938	 0,528
Chaux	13,422	 1,021
Magnésie	1,885	 0,143
Potasse	11,199	 0,851
Soude	9,291	 0,707
Substances diverses non dosées	10,866	 0,827

Pour rendre plus facile la comparaison des résultats analytiques relatifs à cette première série, je vais les résumer sous forme de tableaux, dont le premier se rapporte au kilogramme de matière sèche et dont l'autre se rapporte à l'hectare.

Composition des diverses subdivisions de la première série, pour un kilogramme de matière sèche.

NATURE DES SUBSTANCES.	PARTIE SUPÉRIEURE dans SON ENSEMBLE,	TROISIÈMES FEUILLES.	QUATRIÈMES FEUILLES.	CINQUIÈMES FEUILLES.	TROISIÈMES NŒUDS.	QUATRIÈMES NŒUDS.	CINQUIÈMES NŒUDS.	TROISIÈMES ENTRE-NŒUDS.	QUATRIÈMES ENTRE-NŒUDS.	TIGES DOUTEUSES.	TIGES ATROPHIÉES.
	gr.	gr.	gr.	gr.	gr.	gr.	gr.	gr.	gr.	gr.	gr.
Matières organiques combustibles ou volatiles (azote déduit)	866,92	885,09	879,75	861,41	826,92	878,07	881,14	863,27	925,51	866,49	856,88
Azote en combinaison	49,13	37,84	33,16	18,00	62,62	37,91	31,86	40,06	17,49	39,28	25,96
Silice.	8,27	18,53	27,09	60,33	6,22	17,96	32,29	3,25	8,51	28,33	43,97
Oxyde de fer, etc.	7,95	3,93	1,91	3,99	2,22	0,14	0,90	1,11	0,49	3,94	9,60
Acide phosphorique	9,83	6,63	5,68	5,66	8,56	7,93	6,28	5,06	4,33	7,88	6,94
Chaux	8,79	12,50	15,99	17,16	10,23	9,99	8,52	6,03	5,31	12,74	13,42
Magnésie.	1,53	2,35	3,13	1,41	6,22	2,11	4,93	0,60	0,62	3,94	1,88
Potasse.	26,25	12,03	5,67	5,74	46,91	34,65	32,13	46,74	15,20	14,97	11,20
Soude.	5,27	11,53	11,20	13,23	0,01	1,48	1,37	5,79	13,81	9,77	9,29

Composition des diverses subdivisions de la première série, pour un hectare.

NATURE DES SUBSTANCES.	PARTIE SUPÉRIEURE dans SON ENSEMBLE.	TROISIÈMES FEUILLES.	QUATRIÈMES FEUILLES.	CINQUIÈMES FEUILLES.	TROISIÈMES NŒUDS.	QUATRIÈMES NŒUDS.	CINQUIÈMES NŒUDS.	TROISIÈMES ENTRE-NŒUDS.	QUATRIÈMES ENTRE-NŒUDS.	TIGES DOUTEUSES.	TIGES ATROPHIÉES.	POIDS TOTAL PAR HECTARE.
	kil.	kil.	kil.	kil.	kil.	kil.	kil.	kil.	kil.	kil.	kil.	kil.
Matières organiques combustibles ou volatiles (azote déduit).	169,54	253,41	279,84	131,21	18,10	26,53	13,24	51,94	74,61	215,72	65,18	1239,32
Azote en combinaison.	9,61	10,83	8,29	2,74	1,37	1,14	0,48	2,41	1,41	9,78	2,74	50,80
Silice.	1,62	5,30	6,77	9,19	0,14	0,54	0,48	0,20	0,69	7,05	3,34	35,32
Oxyde de fer, etc.	1,55	1,12	0,48	0,61	0,05	0,04	0,01	0,07	0,04	0,98	0,73	5,64
Acide phosphorique.	1,92	1,90	1,42	0,86	0,19	0,24	0,09	0,30	0,35	1,96	0,53	9,76
Chaux.	1,72	3,58	3,99	2,61	0,22	0,30	0,13	0,36	0,43	3,47	1,02	17,53
Magnésie.	0,80	0,67	0,78	0,22	0,14	0,06	0,07	0,04	0,05	0,98	0,44	3,45
Potasse.	5,13	3,44	1,42	0,87	1,03	1,05	0,48	2,81	1,23	3,73	0,85	22,04
Soude.	1,05	3,30	2,80	2,01	0,01	0,04	0,02	0,35	1,11	2,43	0,71	13,81

CHAPITRE III.

DEUXIÈME RÉCOLTE.

Observations du 3 juin 1881.

Nombre de touffes sur 4 centiares. 826

Tiges épiées ou dont on pouvait espérer un épi développé fructifère 1352

Tiges encore vertes, mais d'une réussite douteuse . . . 340

Tiges atrophiées à divers degrés et déjà plus ou moins desséchées. 702

Total des tiges diverses. 2394

Ce qui correspond à un tallage moyen de 2,90, soit un peu moins de trois tiges par touffe. On a obtenu, par la subdivision des tiges normales de la première catégorie :

	Matière sèche dans la parcelle.	Matière sèche par hectare.
	gr.	kil.
1. Épis.	100,012	250,03 .
2. Partie supérieure des tiges entre l'épi et le premier nœud.	8,6..	21,5..
3. Premiers nœuds supérieurs.	9,99	24,975
4. Premières feuilles	193,284	483,21 .
5. Premiers entre-nœuds.	37,22.	93,05.
6. Deuxièmes nœuds (1)..	4,89.	12,224
7. Deuxièmes feuilles	187,334	468,335
8. Deuxièmes entre-nœuds..	37,16.	92,9..
9. Troisièmes nœuds	16,36.	40,9..
À reporter.	594,850	1487,124

(1) En opérant la subdivision des tiges normales, on s'est aperçu qu'un certain nombre de tiges avaient leur cinquième nœud enraciné; que, par suite, ces tiges n'avaient que quatre nœuds libres. Il en est résulté diverses conséquences que voici : les parties 6, 7 et 8 ne comprennent que les tiges à cinq nœuds libres. Le n° 9 comprend, en mélange, les troisièmes nœuds des tiges à quatre nœuds et les quatrièmes nœuds des tiges à cinq nœuds. Le n° 10 comprend, en mélange, les troisièmes feuilles des tiges à quatre nœuds et les quatrièmes feuilles des tiges à cinq nœuds. Les n°⁵ 11, 12, 13, 14, 15 et 16 se trouvent dans des conditions analogues; mais il y a une chose qui n'a pas changé, c'est le poids total.

Reports d'autre part. . .	594,850	 1487,124
10. Troisièmes feuilles.	67,104	. . . . 167,76.
11. Troisièmes entre-nœuds	119,224	. . . . 298,06.
12. Quatrièmes nœuds.	23,614	 59,037
13. Quatrièmes feuilles.	151,2..	. . . . 378,...
14. Quatrièmes entre-nœuds	114,282	 285,705
15. Cinquièmes nœuds.	21,222	 53,055
16. Cinquièmes feuilles.	100,639	. . . . 251,6..
17. Tiges douteuses.	38,644	. . . . 96,61.
18. Tiges atrophiées.	27,564	. . . . 68,91.
Totaux.	1258,343	 3145,860

Par l'examen séparé de chacune de ces parties, on a trouvé successivement :

1. — Épis considérés dans leur entier.

	Par kilog. de matière sèche. gr.	Par hectare. kil.
Matières organiques combustibles ou volatiles (déduction faite de l'azote).	918,778	 229,722
Azote en combinaison (moyenne de deux dosages). .	36,185	 9,048
Substances minérales (cendres).	45,037	. . . . 11,26.

COMPOSITION DES CENDRES.

Silice	2,620	 0,655
Oxyde de fer	0,436	 0,109
Acide phosphorique	9,716	 2,429
Chaux	3,812	 0,953
Magnésie.	1,637	 0,409
Potasse	17,717	 4,430
Soude.	1,549	 0,387
Substances diverses non dosées.	7,550	 1,888

2. — Partie supérieure des tiges.

	Par kilog. de matière sèche. gr.	Par hectare. kil.
Matières organiques combustibles ou volatiles (déduction faite de l'azote)	912,079	 19,640
Azote en combinaison (moyenne de trois dosages). .	30,63.	 0,658
Substances minérales (cendres).	57,291	 1,232

COMPOSITION DES CENDRES.

Silice	2,604	0,056
Oxyde de fer.	0,693	0,015
Acide phosphorique	9,300	0,200
Chaux.	7,434	0,160
Magnésie.	2,974	0,064
Potasse.	19,870	0,427
Soude.	4,420	0,095
Substances diverses non dosées	9,996	0,215

3. — Premiers nœuds supérieurs.

	Par kilog. de matière sèche.	Par hectare.
	gr.	kil.
Matières organiques combustibles ou volatiles (déduction faite de l'azote).	877,901	21,926
Azote en combinaison.	35,68.	0,891
Substances minérales (cendres)	86,419	2,158

COMPOSITION DES CENDRES.

Silice.	6,323	0,158
Oxyde de fer.	1,212	0,030
Acide phosphorique.	9,635	0,240
Chaux.	14,002	0,350
Magnésie.	3,312	0,083
Potasse	30,503	0,762
Soude.	5,209	0,130
Substances diverses non dosées.	16,223	0,405

4. — Premières feuilles (feuilles des nœuds supérieurs).

	Par kilog. de matière sèche.	Par hectare.
	gr.	kil.
Matières organiques combustibles ou volatiles (azote déduit).	915,783	442,516
Azote en combinaison (moyenne de deux dosages). .	24,501	11,839
Substances minérales (cendres).	59,716	28,855

COMPOSITION DES CENDRES.

Silice	19,068	9,214
Oxyde de fer	2,960	1,430
Acide phosphorique	3,944	1,906

	Par kil. de mat. sèche. gr.		Par hectare. kil.
Chaux	7,020	. . . .	3,392
Magnésie.	1,310	. . . .	0,633
Potasse.	9,099	. . . .	4,397
Soude.	3,366	. . . .	1,626
Substances diverses non dosées.	12,949	. . . .	6,257

5. — Premiers entre-nœuds.

	Par kil. de mat. sèche. gr.		Par hectare, kil.
Matières organiques combustibles ou volatiles (azote déduit).	924,769	. . . .	86,050
Azote en combinaison (moyenne de deux dosages). .	27,68.	. . . .	2,576
Substances minérales (cendres).	47,551	. . . .	4,424

COMPOSITION DES CENDRES.

Silice	4,599	. . . .	0,428
Oxyde de fer	0,453	. . . .	0,042
Acide phosphorique	7,514	. . . .	0,699
Chaux.	7,448	. . . .	0,693
Magnésie.	3,498	. . . .	0,326
Potasse	10,902	. . . .	1,014
Soude.	4,150	. . . .	0,386
Substances diverses non dosées.	8,987	. . . .	0,836

6.—Deuxièmes nœuds.

	Par kil. de matière sèche. gr.		Par hectare. kil.
Matières organiques combustibles ou volatiles (azote déduit).	891,603	. . . .	10,899
Azote en combinaison.	32,24.	. . . .	0,394
Substances minérales (cendres).	76,157	. . . .	0,931

COMPOSITION DES CENDRES.

Silice	5,858	. . . .	0,072
Oxyde de fer	1,617	. . . .	0,020
Acide phosphorique	8,787	. . . .	0,107
Chaux.	11,593	. . . .	0,142
Magnésie.	6,444	. . . .	0,079
Potasse	23,064	. . . .	0,282
Soude.	1,336	. . . .	0,016
Substances diverses non dosées	17,458	. . . .	0,213

7. — Deuxièmes feuilles.

	Par kil. de matière sèche. gr.		Par hectare. kil.
Matières organiques combustibles ou volatiles (azote déduit.	912,794	. . . .	427,494
Azote en combinaison (moyenne de deux dosages). .	27,75 .	. . . .	12,996
Substances minérales (cendres).	59,456	. . . .	27,845

COMPOSITION DES CENDRES.

Silice	24,579	. . . .	11,510
Oxyde de fer.	2,875	. . . .	1,347
Acide phosphorique	3,624	. . . .	1,697
Chaux.	8,510	. . . .	3,986
Magnésie.	1,327	. . . .	0,621
Potasse	6,222	. . . .	2,914
Soude.	5,436	. . . .	2.546
Substances diverses non dosées.	6,883	. . . .	3,224

8. — Deuxièmes entre-nœuds.

	Par kil. de matière sèche. gr.		Par hectare. kil.
Matières organiques combustibles ou volatiles (azote déduit)	944,567	. . . .	87,750
Azote en combinaison (moyenne de trois dosages). .	13,91 .	. . . .	1,292
Substances minérales (cendres).	41,523	. . . .	3,858

COMPOSITION DES CENDRES.

Silice	7,843	. . . .	0,729
Oxyde de fer	0,545	. . . .	0,051
Acide phosphorique	3,523	. . . .	0,327
Chaux.	4,459	. . . .	0,414
Magnésie.	0,657	. . . .	0,061
Potasse	6,490	. . . .	0,603
Soude.	5,083	. . . .	0,472
Substances diverses non dosées	12,923	. . . .	1,201

9. — Troisièmes nœuds

	Par kil. de matière sèche. gr.		Par hectare. kil.
Matières organiques combustibles ou volatiles (azote déduit).	896,875	. . . .	36,682
Azote en combinaison.	29,61 .	. . . .	1,214
Substances minérales (cendres)	73,515	. . . .	3,007

COMPOSITION DES CENDRES.

Silice .	5,874	0,240
Oxyde de fer .	1,790	0,073
Acide phosphorique .	3,811	0,156
Chaux. .	10,104	0,413
Magnésie. .	1,589	0,065
Potasse .	22,900	0,937
Soude. .	2,662	0,109
Substances diverses non dosées. .	24,785	1,014

10. — Troisièmes feuilles.

	Par kil. de matière sèche. gr.	Par hectare. kil.
Matières organiques combustibles ou volatiles (azote déduit).	907,917	152,312
Azote en combinaison (moyenne de deux dosages). .	24,898	4,178
Substances minérales (cendres). .	67,186	11,27.

COMPOSITION DES CENDRES.

Silice. .	26,128	4,383
Oxyde de fer. .	2,248	0,377
Acide phosphorique .	3,509	0,589
Chaux. .	8,080	1,355
Magnésie. .	1,619	0,271
Potasse .	6,168	1,035
Soude. .	6,852	1,149
Substances diverses non dosées. .	12,582	2,111

11. — Troisièmes entre-nœuds.

	Par kil. de matière sèche. gr.	Par hectare. kil.
Matières organiques combustibles ou volatiles (azote déduit).	964,560	287,497
Azote en combinaison (moyenne de deux dosages). .	10,625	3,167
Substances minérales (cendres). .	24,815	7,396

COMPOSITION DES CENDRES.

Silice. .	3,155	0,941
Oxyde de fer. .	0,224	0,067
Acide phosphorique. .	2,277	0,679
Chaux. .	2,321	0,692
Magnésie. .	0,391	0,116
Potasse. .	4,125	1,229
Soude. .	2,865	0,854
Substances diverses non dosées .	9,454	2,818

12. — Quatrièmes nœuds

	Par kilog. de matière sèche. gr.	Par hectare. kil.
Matières organiques combustibles ou volatiles (azote déduit)	921,358	54,393
Azote en combinaison	22,59	1,334
Substances minérales (cendres)	56,052	3,310

COMPOSITION DES CENDRES.

Silice	6,310	0,373
Oxyde de fer	2,103	0,124
Acide phosphorique	4,207	0,248
Chaux	6,667	0,394
Magnésie	1,732	0,102
Potasse	16,730	0,988
Soude	8,904	0,526
Substances diverses non dosées	9,399	0,555

13. — Quatrièmes feuilles.

	Par kil. de matière sèche. gr.	Par hectare. kil.
Matières organiques combustibles ou volatiles (azote déduit)	896,096	338,724
Azote en combinaison (moyenne de deux dosages)	25,582	9,670
Substances minérales (cendres)	78,322	29,606

COMPOSITION DES CENDRES.

Silice	30,388	11,487
Oxyde de fer	1,465	0,554
Acide phosphorique	2,572	0,972
Chaux	10,135	3,831
Magnésie	0,733	0,277
Potasse	5,679	2,146
Soude	10,290	3,890
Substances diverses non dosées	17,060	6,449

14. — Quatrièmes entre-nœuds.

	Par kilog. de matière sèche. gr.	Par hectare. kil.
Matières organiques combustibles ou volatiles (azote déduit)	974,086	278,301
Azote en combinaison (moyenne de trois dosages)	6,18	1,766
Substances minérales (cendres)	19,735	5,638

COMPOSITION DES CENDRES.

Silice	5,217	1,490
Oxyde de fer	0,554	0,158
Acide phosphorique	1,109	0,317
Chaux.	1,718	0,491
Magnésie.	0,177	0,051
Potasse	1,746	0,499
Soude.	6,967	1,990
Substances diverses non dosées.	2,247	0,642

15. — Cinquièmes nœuds.

	Par kilog. de matière sèche. gr.	Par hectare. kil.
Matières organiques combustibles ou volatiles (azote déduit).	934,60.	49,585
Azote en combinaison.	18,54.	0,984
Substances minérales (cendres).	46,86.	2,486

COMPOSITION DES CENDRES.

Silice	9,963	0,529
Oxyde de fer	1,230	0,065
Acide phosphorique	2,950	0,156
Chaux.	4,360	0,231
Magnésie.	1,845	0,098
Potasse.	4,967	0,264
Soude.	10,959	0,581
Substances diverses non dosées.	10,586	0,562

16. — Cinquièmes feuilles.

	Par kilog. de matière sèche. gr.	Par hectare. kil.
Matières organiques combustibles ou volatiles (azote déduit).	876,873	220,621
Azote en combinaison (moyenne de deux dosages). .	23,071	5,805
Substances minérales. (cendres)	100,056	25,174

COMPOSITION DES CENDRES.

Silice	53,623	13,492
Oxyde de fer.	1,570	0,395
Acide phosphorique.	2,667	0,671
Chaux.	10,171	2,559
Magnésie.	1,059	0,266
Potasse.	3,927	0,988
Soude.	9,011	2,267
Substances diverses non dosées	18,028	4,536

17. — Tiges moyennes ou douteuses.

	Par kilog. de matière sèche. gr.	Par hectare. kil.
Matières organiques combustibles ou volatiles (azote déduit).	870,005	84,051
Azote en combinaison (moyenne de deux dosages). .	25,38	2,452
Substances minérales (cendres).	104,615	10,107

COMPOSITION DES CENDRES.

Silice	53,496	5,168
Oxyde de fer.	1,693	0,164
Acide phosphorique	3,077	0,297
Chaux.	7,389	0,714
Magnésie.	0,839	0,081
Potasse	1,778	0,172
Soude.	5,914	0,571
Substances diverses non dosées.	30,429	2,940

18 — Tiges atrophiées, à peu près sèches.

	Par kilog. de matière sèche. gr.	Par hectare. kil.
Matières organiques combustibles ou volatiles (azote déduit).	851,308	58,665
Azote en combinaison (moyenne de deux dosages). .	19,185	1,322
Substances minérales (cendres)	129,507	8,923

COMPOSITION DES CENDRES.

Silice	92,050	6,343
Oxyde de fer.	2,900	0,200
Acide phosphorique.	4,084	0,281
Chaux.	13,848	0,954
Magnésie.	1,689	0,116
Potasse.	4,646	0,320
Soude.	5,986	0,412
Substances diverses non dosées.	4,304	0,297

Pour faciliter la comparaison des résultats analytiques relatifs à cette seconde série d'observations, je les ai résumées sous forme de tableaux dont le premier se rapporte au kilogramme de matière sèche, et dont le second se rapporte à la récolte d'un hectare, faite dans les conditions de cette série d'observations.

Composition des diverses subdivisions de la deuxième série, pour un kilogramme de matière sèche.

NATURE DES SUBSTANCES.	ÉPIS ENTIERS.	PARTIE SUPÉRIEURE DES TIGES.	PREMIERS NŒUDS.	PREMIÈRES FEUILLES.	PREMIERS ENTRE-NŒUDS.	DEUXIÈMES NŒUDS.	DEUXIÈMES FEUILLES.
	gr.	gr.	gr.	gr.	gr.	gr.	gr.
Matières organiques combustibles ou volatiles (azote déduit)	918,78	912,08	877,90	915,78	924,77	891,60	942,79
Azote en combinaison	36,18	36,63	35,68	24,50	27,68	32,24	27,75
Silice	2,62	2,60	6,32	19,07	4,60	5,80	24,58
Oxyde de fer, etc.	0,64	0,69	1,21	2,96	0,45	1,62	2,57
Acide phosphorique	9,72	9,30	9,63	3,94	7,51	8,79	3,52
Chaux	3,81	7,43	14,00	7,62	7,45	11,69	8,51
Magnésie	1,64	2,97	3,31	1,34	3,50	6,44	1,33
Potasse	17,72	19,87	30,50	9,10	10,90	23,06	6,22
Soude	1,55	4,42	5,21	3,37	4,15	1,34	5,44

NATURE DES SUBSTANCES.	DEUXIÈMES ENTRE-NŒUDS.	TROISIÈMES NŒUDS.	TROISIÈMES FEUILLES.	TROISIÈMES ENTRE-NŒUDS.	QUATRIÈMES NŒUDS.	QUATRIÈMES FEUILLES.	QUATRIÈMES ENTRE-NŒUDS.	CINQUIÈMES NŒUDS.	CINQUIÈMES FEUILLES.	TIGES DOUTEUSES.	TIGES ATROPHIÉES.
	gr.	gr.	gr.	gr.	gr.	gr.	gr.	gr.	gr.	gr.	gr.
Matières organiques combustibles ou volatiles (azote déduit)	944,57	895,87	907,92	905,56	924,36	896,10	974,09	934,60	876,87	870,61	854,31
Azote en combinaison	13,91	29,61	24,00	10,62	22,59	25,88	6,18	18,54	23,97	25,38	19,18
Silice	7,84	5,87	26,13	3,16	6,31	30,59	5,22	9,96	53,62	53,50	92,05
Oxyde de fer, etc.	0,54	1,79	2,25	0,22	2,10	1,46	0,55	1,23	1,57	1,69	2,90
Acide phosphorique	3,52	3,81	3,51	2,96	4,21	2,67	1,11	2,95	2,67	3,08	4,06
Chaux	4,46	16,10	8,08	2,39	5,67	10,13	1,72	4,36	10,17	7,30	13,85
Magnésie	0,96	1,59	1,62	0,89	1,73	0,73	0,18	1,84	1,06	0,84	1,69
Potasse	6,49	22,90	6,47	4,12	15,73	5,68	1,75	6,97	3,93	1,78	4,05
Soude	5,08	2,66	6,85	2,86	8,90	10,29	6,97	10,96	9,01	5,91	5,90

Composition des diverses subdivisions de la première série, pour un hectare.

NATURE DES SUBSTANCES.	ÉPIS ENTIERS.	PARTIE SUPÉRIEURE DES TIGES.	PREMIERS NŒUDS.	PREMIÈRES FEUILLES.	PREMIERS ENTRE-NŒUDS.	DEUXIÈMES NŒUDS.	DEUXIÈMES FEUILLES.	DEUXIÈMES ENTRE-NŒUDS.	TROISIÈMES NŒUDS.	TROISIÈMES FEUILLES.	TROISIÈMES ENTRE-NŒUDS.	QUATRIÈMES NŒUDS.	QUATRIÈMES ENTRE-NŒUDS.	QUATRIÈMES FEUILLES.	CINQUIÈMES NŒUDS.	CINQUIÈMES FEUILLES.	TIGES DOUTEUSES.	TIGES ATROPHIÉES.	POIDS TOTAL PAR HECTARE.
	kil.	kil.	kil.	kil.	kil.	kil.	kil.	kil.	kil.	kil.	kil.	kil.	kil.	kil.	kil.	kil.	kil.	kil.	kil.
Matières organiques combustibles ou volatiles (azote déduit)	229,72	19,61	21,93	442,52	86,05	10,90	427,49	87,75	36,68	152,31	287,56	54,39	278,30	238,72	49,58	220,62	84,05	58,66	2787,78
Azote en combinaison	8,05	0,66	0,89	11,84	2,58	0,89	13,00	1,29	1,21	4,18	3,17	1,33	1,77	9,67	0,08	5,80	2,45	1,32	52,08
Silice.	0,65	0,06	0,16	9,21	0,43	0,07	11,54	0,73	0,24	4,38	0,94	0,37	1,40	11,49	0,53	13,40	5,16	6,84	67,25
Oxyde de fer	0,11	0,01	0,03	1,43	0,04	0,02	1,35	0,05	0,07	0,38	0,07	0,12	0,16	0,55	0,06	0,30	0,16	0,30	3,20
Acide phosphorique	2,43	0,20	0,24	1,91	0,70	0,11	1,70	0,33	0,16	0,50	0,68	0,25	0,32	0,97	0,15	0,67	0,30	0,28	11,90
Chaux	0,95	0,16	0,35	3,39	0,69	0,14	3,99	0,41	0,41	1,35	0,69	0,39	0,49	3,83	0,23	2,56	0,71	0,96	21,69
Magnésie.	0,41	0,06	0,08	0,63	0,33	0,08	0,52	0,06	0,06	0,27	0,12	0,10	0,06	0,28	0,10	0,27	0,08	0,12	3,72
Potasse.	4,43	0,43	0,76	4,40	1,01	0,28	2,91	6,50	0,90	1,03	1,23	0,99	0,50	2,15	0,26	0,99	0,17	0,32	23,40
Soude.	0,39	0,09	0,13	1,63	0,39	0,09	2,56	0,47	0,11	1,15	0,85	0,53	1,39	3,89	0,58	2,26	0,57	0,41	21,01

CHAPITRE IV.

TROISIÈME RÉCOLTE.

Observations du 22 juin 1864.

Nombre de touffes sur 4 centiares. 870

Tiges épiées normales. . . . . . . 1400 ⎫
Tiges très-grêles, mais épis susceptibles   ⎬ 1458
néanmoins de fournir quelques grains. . . 58 ⎭

Tiges encore vertes, assez développées, mais non épiées et d'un produit extrêmement douteux 182

Tiges avortées et sèches 954

Total. . . . . 2594 tiges.

La comparaison du nombre des tiges et du nombre des touffes conduit à un tallage moyen d'environ trois tiges par touffe (2,98).

La séparation des diverses parties provenant de la subdivision des tiges normales, de cette troisième série, m'a fourni les résultats suivants :

	Matière sèche dans la parcelle.	Matière sèche par hectare.
	gr.	kil.
1. Épis entiers	366,696	916,74.
2. Partie supérieure des tiges entre l'épi et les premiers nœuds.	253,780	634,45.
3. Premiers nœuds supérieurs.	25,378	63,445
4. Premières feuilles	275,012	687,53.
5. Premiers entre-nœuds.	278,520	696,3..
6. Deuxièmes nœuds	29,142	72,855
7. Deuxièmes feuilles	234,422	586,055
8. Deuxièmes entre-nœuds.	174,690	436,725
9. Troisièmes nœuds	32,458	81,145
10. Troisièmes feuilles.	159,772	399,430
11. Troisièmes entre-nœuds	142,612	356,530
A reporter.	1972,482	4931,205

Reports d'autre part. . . .	1972,482	4931,205
12. Quatrièmes nœuds.	28,192	70,480
13. Quatrièmes feuilles.	93,954	234,885
14. Quatrièmes entre-nœuds	45,660	114,150
15. Cinquièmes nœuds.	7,980	19,700
16. Cinquièmes feuilles.	19,286	48,215
17. Tiges vertes douteuses	52,172	130,430
18. Tiges atrophiées sèches	54,020	135,050
Totaux.	2273,746	5684,115

Par l'examen séparé de chacune de ces différentes parties, on a trouvé des résultats dont voici le résumé détaillé :

1. — Épis considérés dans leur entier.

	Par kilog. de matière sèche. gr.	Par hectare. kil.
Matières organiques combustibles ou volatiles (azote déduit)	936,491	858,519
Azote en combinaison (moyenne de deux dosages). .	18,657	17,104
Substances minérales (cendres).	44,852	41,117

COMPOSITION DES CENDRES.

Silice	20,493	18,787
Oxyde de fer	0,584	0,535
Acide phosphorique	4,729	4,335
Chaux.	3,496	3,205
Magnésie.	1,576	1,445
Potasse	2,453	2,249
Soude.	0,511	0,468
Substances diverses non dosées (acide carbonique, charbon, etc.)	11,010	10,093

2. — Partie supérieure des tiges, entre l'épi et le premier nœud.

	Par kilog. de matière sèche. gr.	Par hectare. kil.
Matières organiques combustibles ou volatiles (azote déduit).	950,260	602,893
Azote en combinaison (moyenne de deux dosages). .	16,518	10,490
Substances minérales (cendres)	33,222	21,067

COMPOSITION DES CENDRES.

Silice	8,397	5,327
Oxyde de fer.	1,958	1,242
Acide phosphorique	4,674	2,965
Chaux.	1,983	1,258
Magnésie.	1,934	1,227
Potasse	9,830	6,237
Soude.	1,057	0,671
Substances diverses non dosées.	3,389	2,150

3. — Premiers nœuds supérieurs.

	Par kilog. de matière sèche, gr.	Par hectare. kil.
Matières organiques combustibles ou volatiles (azote déduit).	893,156	56,666
Azote en combinaison.	19,959	1,266
Substances minérales (cendres)	86,885	5,513

COMPOSITION DES CENDRES.

Silice	9,529	0,605
Oxyde de fer	2,190	0,139
Acide phosphorique	6,711	0,426
Chaux.	10,830	0,687
Magnésie.	4,500	0,286
Potasse	27,174	1,724
Soude.	5,255	0,333
Substances diverses non dosées.	20,696	1,313

4. — Premières feuilles.

	Par kilog. de matière sèche. gr.	Par hectare. kil.
Matières organiques combustibles ou volatiles (azote déduit).	910,957	626,310
Azote en combinaison (moyenne de deux dosages). .	23,251	15,986
Substances minérales (cendres).	65,792	45,234

COMPOSITION DES CENDRES.

Silice	33,013	22,697
Oxyde de fer.	1,259	0,866

Acide phosphorique.	3,521	2,421
Chaux.	9,273	6,376
Magnésie.	1,819	1,251
Potasse.	6,095	4,190
Soude.	2,700	1,856
Substances diverses non dosées	8,112	5,577

5. — Premiers entre-nœuds.

	Par kilog. de matière sèche. gr.	Par hectare. kil.
Matières organiques combustibles ou volatiles (azote déduit)	968,252	674,194
Azote en combinaison (moyenne de trois dosages). .	8,891	6,191
Substances minérales (cendres).	22,857	15,915

COMPOSITION DES CENDRES.

Silice	8,443	5,879
Oxyde de fer.	0,880	0,613
Acide phosphorique	2,667	1,857
Chaux.	2,654	1,848
Magnésie.	0,354	0,246
Potasse.	3,368	2,345
Soude.	3,287	2,289
Substances diverses non dosées.	1,204	0,838

6. — Deuxièmes nœuds.

	Par kilog. de matière sèche. gr.	Par hectare. kil.
Matières organiques combustibles ou volatiles (azote déduit)	915,214	66,678
Azote en combinaison.	15,763	1,148
Substances minérales (cendres).	69,023	5,029

COMPOSITION DES CENDRES.

Silice	2,953	0,215
Oxyde de fer.	1,654	0,121
Acide phosphorique.	4,867	0,354
Chaux.	8,927	0,650

	Par kilog. de matière sèche. gr.		Par hectare. kil.
Magnésie.	2,880	....	0,210
Potasse	20,556	....	1,498
Soude.	8,483	....	0,618
Substances diverses non dosées.	18,703	....	1,363

7. — Deuxièmes feuilles.

	Par kilog. de matière sèche. gr.		Par hectare. kil.
Matières organiques combustibles ou volatiles (azote déduit)	909,029	....	532,741
Azote en combinaison (moyenne de deux dosages).	23,228	....	13,613
Substances minérales (cendres).	67,743	....	39,701

COMPOSITION DES CENDRES.

Silice.	33,417	....	19,584
Oxyde de fer.	1,592	....	0,933
Acide phosphorique.	3,494	....	2,048
Chaux.	9,675	....	5,670
Magnésie.	1,664	....	0,975
Potasse.	4,342	....	2,545
Soude.	6,173	....	3,617
Substances diverses non dosées.	7,386	....	4,329

8. — Deuxièmes entre-nœuds.

	Par kilog. de matière sèche. gr.		Par hectare. kil.
Matières organiques combustibles ou volatiles (azote déduit).	975,847	....	426,178
Azote en combinaison (moyenne de trois dosages).	5,435	....	2,373
Substances minérales (cendres).	18,718	....	8,174

COMPOSITION DES CENDRES.

Silice.	4,592	....	2,005
Oxyde de fer	0,098	....	0,043
Acide phosphorique	1,948	....	0,851
Chaux.	1,872	....	0,817
Magnésie.	0,314	....	0,137
Potasse	1,757	....	0,767
Soude.	5,939	....	2,594
Substances diverses non dosées.	2,198	....	0,960

9. — Troisièmes nœuds.

	Par kil. de matière sèche. gr.		Par hectare. kil.
Matières organiques combustibles ou volatiles (azote déduit).	942,518	. . . .	76,481
Azote en combinaison.	11,075	. . . .	0,899
Substances minérales (cendres)	46,407	. . . .	3,765

COMPOSITION DES CENDRES.

Silice	4,675	. . . .	0,379
Oxyde de fer	0,829	. . . .	0,067
Acide phosphorique	2,716	. . . .	0,220
Chaux.	3,383	. . . .	0,275
Magnésie.	1,103	. . . .	0,089
Potasse	9,254	. . . .	0,751
Soude.	11,336	. . . .	0,920
Substances diverses non dosées.	13,111	. . . .	1,064

10. — Troisièmes feuilles.

	Par kil. de matière sèche. gr.		Par hectare. kil.
Matières organiques combustibles ou volatiles (azote déduit).	900,384	. . . .	359,641
Azote en combinaison (moyenne de deux dosages). .	20,731	. . . .	8,281
Substances minérales (cendres).	78,885	. . . .	31,508

COMPOSITION DES CENDRES.

Silice.	36,930	. . . .	14,751
Oxyde de fer.	2,161	. . . .	0,863
Acide phosphorique	2,642	. . . .	1,055
Chaux.	10,650	. . . .	4,254
Magnésie.	1,986	. . . .	0,793
Potasse	3,631	. . . .	1,450
Soude.	7,884	. . . .	3,149
Substances diverses non dosées.	13,001	. . . .	5,193

11. — Troisièmes entre-nœuds.

	Par kil. de matière sèche. gr.		Par hectare. kil.
Matières organiques combustibles ou volatiles (azote déduit).	971,319	. . . .	346,303

5

Azote en combinaison (moyenne de trois dosages). .   5,111   1,822
Substances minérales (cendres). 23,570   8,405

COMPOSITION DES CENDRES.

Silice.	5,042	1,798
Oxyde de fer.	0,241	0,086
Acide phosphorique.	1,441	0,514
Chaux.	1,880	0,671
Magnésie.	0,310	0,110
Potasse.	2,432	0,868
Soude.	7,463	2,661
Substances diverses non dosées	4,760	1,697

12. — Quatrièmes nœuds

	Par kilog. de matière sèche. gr.	Par hectare. kil
Matières organiques combustibles ou volatiles (azote déduit).	952,223	67,113
Azote en combinaison.	9,373	0,661
Substances minérales (cendres).	38,404	2,706

COMPOSITION DES CENDRES.

Silice	7,337	0,517
Oxyde de fer.	0,754	0,053
Acide phosphorique.	2,185	0,154
Chaux.	2,701	0,190
Magnésie.	1,171	0,083
Potasse	5,776	0,407
Soude.	9,314	0,656
Substances diverses non dosées.	9,166	0,646

13. — Quatrièmes feuilles.

	Par kil. de matière sèche. gr.	Par hectare. kil.
Matières organiques combustibles ou volatiles (azote déduit).	899,921	211,378
Azote en combinaison (moyenne de deux dosages). .	17,655	4,147
Substances minérales (cendres)	82,424	19,560

COMPOSITION DES CENDRES.

Silice	54,223	12,736
Oxyde de fer.	1,939	0,456
Acide phosphorique.	3,056	0,718
Chaux.	11,147	2,648
Magnésie.	0,988	0,257
Potasse	1,764	0,414
Soude.	7,417	1,742
Substances diverses non dosées.	1,890	0,419

14. — Quatrièmes entre-nœuds.

	Par kilog. de matière sèche. gr.	Par hectare. kil.
Matières organiques combustibles ou volatiles (azote non compris).	967,534	110,444
Azote en combinaison (moyenne de deux dosages).	4,755	0,543
Substances minérales (cendres).	27,711	3,163

COMPOSITION DES CENDRES.

Silice	7,123	0,813
Oxyde de fer	0,977	0,112
Acide phosphorique	0,598	0,068
Chaux.	1,800	0,205
Magnésie.	0,833	0,095
Potasse	2,992	0,342
Soude.	6,956	0,794
Substances diverses non dosées.	6,432	0,734

15. — Cinquièmes nœuds.

	Par kilog. de matière sèche. gr.	Par hectare. kil.
Matières organiques combustibles ou volatiles (non compris l'azote).	951,526	18,745
Azote en combinaison.	9,872	0,195
Substances minérales (cendres).	38,602	0,760

COMPOSITION DES CENDRES.

Silice .	9,559	0,188
Oxyde de fer	1,978	0,039
Acide phosphorique	1,388	0,027
Chaux.	4,595	0,091
Magnésie.	2,941	0,058
Potasse.	1,300	0,026
Soude.	11,136	0,219
Substances diverses non dosées.	5,705	0,112

16. — Cinquièmes feuilles.

	Par kilog. de matière sèche. gr.	Par hectare. kil.
Matières organiques combustibles ou volatiles (non compris l'azote).	893,045	43,058
Azote en combinaison (moyenne de deux dosages).	13,536	0,653
Substances minérales (cendres).	93,419	4,504

COMPOSITION DES CENDRES.

Silice .	60,857	2,934
Oxyde de fer.	2,319	0,112
Acide phosphorique.	3,314	0,160
Chaux.	12,907	0,622
Magnésie.	2,008	0,097
Potasse.	1,472	0,071
Soude.	8,080	0,389
Substances diverses non dosées	2,462	0,119

17. — Tiges encore vertes très-douteuses.

	Par kilog. de matière sèche. gr.	Par hectare. kil.
Matières organiques combustibles ou volatiles (non compris l'azote) .	903,139	117,796
Azote en combinaison (moyenne de deux dosages).	17,680	2,306
Substances minérales (cendres).	79,181	10,328

COMPOSITION DES CENDRES.

Silice .	38,189	4,981
Oxyde de fer.	1,947	0,254
Acide phosphorique	2,532	0,330
Chaux.	6,473	0,844
Magnésie.	0,710	0,093
Potasse	6,158	0,803
Soude.	6,345	0,828
Substances diverses non dosées.	16,827	2,195

18. — Tiges atrophiées, avortées et sèches.

	Par kilog. de matière sèche. gr.	Par hectare. kil.
Matières organiques combustibles ou volatiles (non compris l'azote).	844,109	113,997
Azote en combinaison.	16,864	2,277
Substances minérales (cendres)	139,027	18,776

COMPOSITION DES CENDRES.

Silice .	104,006	13,642
Oxyde de fer.	2,578	0,348
Acide phosphorique.	1,284	0,173
Chaux.	7,301	0,986
Magnésie.	0,366	0,049
Potasse.	2,663	0,360
Soude.	5,056	0,683
Substances diverses non dosées.	10,773	2,535

J'ai pensé qu'après cet examen distinct et circonstancié des diverses parties de la plante, il pouvait y avoir quelque intérêt à les rassembler sous forme de tableaux, pour faciliter la comparaison des résultats analytiques.

Le premier de ces tableaux se rapporte au kilogramme de matière sèche et le second exprime les résultats rapportés à l'hectare.

Composition des diverses subdivisions de la troisième série, pour un kilogramme de matière sèche.

NATURE DES SUBSTANCES.	ÉPIS ENTIERS.	PARTIE SUPÉRIEURE DES TIGES.	PREMIERS NŒUDS.	PREMIÈRES FEUILLES.	PREMIERS ENTRE-NŒUDS.	DEUXIÈMES NŒUDS.	DEUXIÈMES FEUILLES.	DEUXIÈMES ENTRE-NŒUDS.	TROISIÈMES NŒUDS.	TROISIÈMES FEUILLES.	TROISIÈMES ENTRE-NŒUDS.	QUATRIÈMES NŒUDS.	QUATRIÈMES FEUILLES.	QUATRIÈMES ENTRE-NŒUDS.	CINQUIÈMES NŒUDS.	CINQUIÈMES FEUILLES.	TIGES NOURRICIÈRES.	TIGES ATROPHIÉES.
	gr.	gr.	gr.	gr.	gr.	gr.	gr.	gr.	gr.	gr.	gr.	gr.	gr.	gr.	gr.	gr.	gr.	gr.
Matières organiques combustibles ou volatiles (azote déduit)	936,49	950,26	893,15	910,96	968,25	915,21	969,03	975,85	942,52	960,38	971,32	952,22	899,92	967,63	954,53	893,06	903,14	944,11
Azote en combinaison	18,65	16,52	19,96	23,26	8,89	15,70	23,23	5,43	11,07	26,73	5,11	9,37	17,65	4,75	9,87	13,54	17,68	16,86
Silice	28,49	8,40	9,53	35,01	8,44	2,95	35,49	4,89	4,67	36,93	5,04	7,34	54,22	7,12	9,56	60,86	38,19	101,01
Oxyde de fer, etc.	0,58	1,96	2,19	1,26	0,88	1,05	1,59	0,40	0,83	2,46	0,24	0,75	1,94	0,98	1,98	2,32	1,96	2,58
Acide phosphorique	4,73	4,67	6,71	3,52	2,87	4,87	3,49	1,95	2,72	2,04	1,44	2,16	3,06	0,60	1,39	3,31	2,53	1,28
Chaux	3,50	1,98	10,83	9,27	2,65	8,03	9,67	1,87	8,38	10,65	1,88	2,70	11,15	1,86	4,59	12,91	6,47	7,39
Magnésie	1,58	1,93	4,50	1,82	0,35	2,88	1,68	0,34	1,10	1,99	0,31	1,17	0,99	0,83	2,94	2,01	0,74	0,37
Potasse	2,46	9,85	27,17	6,09	3,37	20,56	4,54	1,75	9,25	3,83	2,43	5,78	1,70	2,99	1,30	1,47	6,16	2,66
Soude	0,51	4,06	5,25	2,70	3,29	8,48	6,47	5,94	11,34	7,88	7,46	9,31	7,42	6,06	11,44	8,08	6,34	3,66

Composition des diverses subdivisions de la troisième série, pour un hectare.

NATURE DES SUBSTANCES.	ÉPIS ENTIER	PARTIE SUPÉRIEURE DES TIGES	PREMIERS NŒUDS	PREMIÈRES FEUILLES	PREMIERS ENTRE-NŒUDS	DEUXIÈMES NŒUDS	DEUXIÈMES FEUILLES	DEUXIÈMES ENTRE-NŒUDS
	kil.	kil.	kil.	kil.	kil.	kil.	kil.	kil.
Matières organiques combustibles ou volatiles (azote déduit)	888,52	662,89	56,67	626,31	674,19	66,68	552,74	426,18
Azote en combinaison	17,10	19,49	1,27	15,99	6,19	1,15	13,61	2,37
Silice.	18,79	5,33	0,06	22,70	5,88	0,21	19,58	2,00
Oxyde de fer.	0,53	1,24	0,14	0,27	0,04	0,12	0,93	0,04
Acide phosphorique	4,33	2,96	0,43	3,42	1,86	0,35	2,05	0,85
Chaux	3,29	1,26	0,29	5,38	1,85	0,65	5,67	0,82
Magnésie.	1,64	1,23	0,29	1,25	0,25	0,21	0,97	0,44
Potasse.	2,25	6,24	1,72	4,19	2,34	1,59	2,50	0,77
Soude.	0,47	0,57	0,33	1,86	2,20	0,02	3,62	2,59

NATURE DES SUBSTANCES.	TROISIÈMES NŒUDS	TROISIÈMES FEUILLES	TROISIÈMES ENTRE-NŒUDS	QUATRIÈMES NŒUDS	QUATRIÈMES FEUILLES	QUATRIÈMES ENTRE-NŒUDS	CINQUIÈMES NŒUDS	CINQUIÈMES FEUILLES	TIGE BOUTEUSE	TIGES ATROPHIÉES	POIDS TOTAL PAR HECTARE
	kil.	kil.	kil.	kil.	kil.	kil.	kil.	kil.	kil.	kil.	kil.
Matières organiques combustibles ou volatiles (azote déduit)	76,48	359,64	346,30	67,11	211,38	110,44	18,74	48,06	447,80	114,00	5309,13
Azote en combinaison	0,90	8,28	1,82	0,60	0,45	0,54	0,19	0,65	2,31	2,28	89,95
Silice.	0,38	14,75	1,80	0,52	12,74	0,81	0,19	2,93	4,98	13,64	127,83
Oxyde de fer.	0,07	0,86	0,60	0,05	0,46	0,11	0,04	0,11	0,25	0,35	6,87
Acide phosphorique	0,22	1,05	0,61	0,15	0,72	0,07	0,03	0,16	0,33	0,17	18,66
Chaux	0,27	4,25	0,67	0,19	2,62	0,26	0,09	0,62	0,84	0,99	31,98
Magnésie.	0,09	0,79	0,11	0,08	0,26	0,09	00,5	0,10	0,00	0,05	7,51
Potasse.	0,75	1,45	0,87	0,41	0,41	0,34	00,3	0,07	0,80	0,36	27,04
Soude.	0,92	3,15	2,56	0,66	1,74	0,79	0,22	0,86	0,83	0,58	24,49

CHAPITRE V.

QUATRIÈME RÉCOLTE.

Observations du 6 juillet 1864.

Nombre de touffes sur 4 centiares. 874
Tiges épiées normales de toute grandeur. 1422
Tiges avortées diverses. 1052

        Total. . . . . . 2474 tiges.

En comparant le nombre total de ces tiges et le nombre des touffes dont elles faisaient partie, on arrive à en conclure que, dans cette série, le tallage moyen est encore d'environ trois tiges par touffe (2,83).

En séparant, comme dans les séries précédentes, les diverses parties fournies par la subdivision des tiges normales, j'en ai obtenu les résultats qui vont suivre :

	Matière sèche dans la parcelle. gr.	Matière sèche par hectare. kil.
1. Épis entiers	697,860	1744,65.
2. Partie supérieure des tiges.	294,284	735,71.
3. Premiers nœuds supérieurs.	31,746	79,365
4. Premières feuilles	245,468	613,67.
5. Premiers entre-nœuds supérieurs	268,676	671,69.
6. Deuxièmes nœuds	30,158	75,395
7. Deuxièmes feuilles	192,128	480,32.
8. Deuxièmes entre-nœuds.	160,570	401,425
9. Troisièmes nœuds	28,424	71,06.
10. Troisièmes feuilles.	117,666	294,165
A reporter.	2066,980	5167,450

	Reports d'autre part. . .	2066,980	. . .	5167,450
11.	Troisièmes entre-nœuds	138,626	. . . .	346,565
12.	Quatrièmes nœuds.	25,022	. . . .	62,555
13.	Quatrièmes feuilles.	69,062	. . . .	172,655
14.	Quatrièmes entre-nœuds (incomplets). . .	39,098	. . . .	97,745
15.	Cinquièmes nœuds. Id. . . .	6,108	. . . .	15,27.
16.	Cinquièmes feuilles. Id. . . .	13,282	. . . .	33,205
17.	Tiges avortées.	72,348	. . . .	180,87.
	Totaux.	2430,526	. . . .	6076,315

Examinons maintenant, séparément, chacune de ces différentes parties :

1. — Épis considérés dans leur entier.

	Par kilog. de matière sèche. gr.		Par hectare. kil.
Matières organiques combustibles ou volatiles (azote déduit)	944,371	. . . .	1647,597
Azote en combinaison (moyenne de deux dosages).	19,095	. . . .	33,314
Substances minérales (cendres).	36,534	. . . .	63,739

COMPOSITION DES CENDRES.

Silice	14,555	. . . .	25,393
Oxyde de fer	0,788	. . . .	1,375
Acide phosphorique	4,764	. . . .	8,312
Chaux.	2,904	. . . .	5,066
Magnésie.	1,266	. . . .	2,209
Potasse	5,734	. . . .	10,004
Soude.	0,815	. . . .	1,422
Substances diverses non dosées (acide carbonique, charbon, etc.)	5,708	. . . .	9,958

2. — Partie supérieure des tiges.

	Par kilog. de matière sèche. gr.		Par hectare. kil.
Matières organiques combustibles ou volatiles (azote déduit).	964,852	. . . .	709,851
Azote en combinaison (moyenne de trois dosages). .	12,411	. . . .	9,131
Substances minérales (cendres)	22,737	. . . .	16,728

COMPOSITION DES CENDRES.

Silice .	7,621	5,607
Oxyde de fer .	1,536	1,130
Acide phosphorique .	1,661	1,222
Chaux .	3,653	2,688
Magnésie .	0,600	0,441
Potasse .	4,033	2,967
Soude .	0,798	0,587
Substances diverses non dosées .	2,835	2,086

3. — Premiers nœuds supérieurs.

	Par kilog. de matière sèche. gr.	Par hectare. kil.
Matières organiques combustibles ou volatiles (azote déduit) .	890,649	70,687
Azote en combinaison .	14,013	1,112
Substances minérales (cendres) .	95,338	7,566

COMPOSITION DES CENDRES.

Silice .	5,437	0,432
Oxyde de fer .	2,018	0,160
Acide phosphorique .	4,132	0,328
Chaux .	8,857	0,703
Magnésie .	5,434	0,431
Potasse .	32,875	2,609
Soude .	5,015	0,398
Substances diverses non dosées .	31,570	2,505

4. — Premières feuilles.

	Par kilog. de matière sèche. gr.	Par hectare. kil.
Matières organiques combustibles ou volatiles (non compris l'azote) .	919,323	564,161
Azote en combinaison (moyenne de deux dosages) :	19,395	11,902
Substances minérales (cendres) .	61,282	37,607

COMPOSITION DES CENDRES.

Silice	33,440	 20,521
Oxyde de fer	1,793	 1,100
Acide phosphorique	3,365	 2,065
Chaux.	8,468	 5,197
Magnésie.	2,231	 1,369
Potasse.	5,827	 3,576
Soude.	4,957	 3,042
Substances diverses non dosées.	1,201	 0,737

5. — Premiers entre-nœuds.

	Par kil. de mat. sèche. gr.	Par hectare. kil.
Matières organiques combustibles ou volatiles (azote déduit).	975,324	 655,116
Azote en combinaison (moyenne de deux dosages).	6,021	 4,044
Substances minérales (cendres).	18,655	 12,530

COMPOSITION DES CENDRES.

Silice.	8,879	 5,964
Oxyde de fer	0,132	 0,089
Acide phosphorique	1,449	 0,973
Chaux.	1,806	 1,214
Magnésie.	0,264	 0,178
Potasse	2,407	 1,617
Soude.	2,563	 1,722
Substances diverses non dosées.	1,155	 0,776

6.—Deuxièmes nœuds.

	Par kil. de matière sèche. gr.	Par hectare. kil.
Matières organiques combustibles ou volatiles (azote non compris).	921,376	 69,467
Azote en combinaison (moyenne de deux dosages).	11,223	 0,846
Substances minérales (cendres).	67,401	 5,082

COMPOSITION DES CENDRES.

Silice	2,604	0,196
Oxyde de fer	0,924	0,070
Acide phosphorique	3,025	0,228
Chaux.	7,446	0,561
Magnésie.	2,068	0,156
Potasse	23,419	1,766
Soude.	10,344	0,780
Substances diverses non dosées	17,571	1,325

7. — Deuxièmes feuilles.

	Par kil. de matière sèche. gr.	Par hectare. kil.
Matières organiques combustibles ou volatiles (azote déduit.	918,267	441,060
Azote en combinaison (moyenne de deux dosages).	19,071	9,160
Substances minérales (cendres).	62,662	30,100

COMPOSITION DES CENDRES.

Silice	25,723	12,356
Oxyde de fer.	1,625	0,781
Acide phosphorique	3,543	1,701
Chaux.	9,863	4,737
Magnésie.	1,932	0,928
Potasse	2,341	1,125
Soude.	2,246	1,079
Substances diverses non dosées.	15,389	7,393

8. — Deuxièmes entre-nœuds.

	Par kil. de matière sèche. gr.	Par hectare. kil.
Matières organiques combustibles ou volatiles (azote non compris).	974,551	391,208
Azote en combinaison (moyenne de trois dosages) .	3,958	1,589
Substances minérales (cendres).	21,491	8,628

COMPOSITION DES CENDRES.

Silice	4,574	1,836
Oxyde de fer	1,008	0,405
Acide phosphorique	1,130	0,454
Chaux.	1,520	0,610
Magnésie.	0,198	0,080
Potasse	2,585	1,038
Soude.	6,589	2,645
Substances diverses non dosées	3,887	1,560

9. — Troisièmes nœuds.

	Par kilog. de matière sèche. gr.	Par hectare. kil.
Matières organiques combustibles ou volatiles (azote non compris).	946,344	67,243
Azote en combinaison.	9,355	0,665
Substances minérales (cendres).	44,304	3,152

COMPOSITION DES CENDRES.

Silice	4,556	0,323
Oxyde de fer.	0,394	0,027
Acide phosphorique	2,357	0,167
Chaux.	4,102	0,291
Magnésie.	1,335	0,095
Potasse.	8,504	0,604
Soude.	10,852	0,771
Substances diverses non dosées.	12,204	0,874

10. — Troisièmes feuilles.

	Par kilog. de matière sèche. gr.	Par hectare. kil.
Matières organiques combustibles ou volatiles (azote déduit)	917,310	269,840
Azote en combinaison (moyenne de deux dosages).	16,428	4,832
Substances minérales (cendres).	66,262	19,493

COMPOSITION DES CENDRES.

Silice.	35,010	10,299
Oxyde de fer.	1,819	0,535
Acide phosphorique.	2,902	0,854
Chaux.	9,796	2,882
Magnésie.	1,116	0,328
Potasse.	1,631	0,480
Soude.	5,448	1,603
Substances diverses non dosées	8,540	2,512

11. — Troisièmes entre-nœuds.

	Par kilog. de matière sèche. gr.	Par hectare. kil.
Matières organiques combustibles ou volatiles (azote déduit)	972,604	337,070
Azote en combinaison (moyenne de deux dosages).	3,289	1,140
Substances minérales (cendres).	24,107	8,355

COMPOSITION DES CENDRES.

Silice.	3,907	1,355
Oxyde de fer.	0,345	0,119
Acide phosphorique.	0,862	0,299
Chaux.	1,161	0,402
Magnésie.	0,172	0,060
Potasse.	2,517	0,872
Soude.	9,022	3,127
Substances diverses non dosées.	6,121	2,121

12. — Quatrièmes nœuds.

	Par kilog. de matière sèche. gr.	Par hectare. kil.
Matières organiques combustibles ou volatiles (déduction faite de l'azote).	951,295	59,508
Azote en combinaison.	8,300	0,519
Substances minérales (cendres).	40,405	2,528

COMPOSITION DES CENDRES.

Silice	5,437	0,340
Oxyde de fer.	0,102	0,006
Acide phosphorique.	2,156	0,135
Chaux.	3,730	0,233
Magnésie.	1,125	0,070
Potasse	6,004	0,377
Soude.	12,614	0,789
Substances diverses non dosées.	9,237	0,578

13.—Quatrièmes feuilles.

	Par kil. de matière sèche. gr.	Par hectare. kil.
Matières organiques combustibles ou volatiles (azote déduit).	912,272	157,509
Azote en combinaison (moyenne de deux dosages). .	15,048	2,598
Substances minérales (cendres)	72,680	12,548

COMPOSITION DES CENDRES.

Silice	47,543	8,209
Oxyde de fer.	2,039	0,352
Acide phosphorique.	1,988	0,342
Chaux.	10,752	1,857
Magnésie.	0,743	0,128
Potasse	0,865	0,149
Soude.	3,264	0,564
Substances diverses non dosées.	5,486	0,947

14. — Quatrièmes entre-nœuds.

	Par kileg. de matière sèche. gr.	Par hectare. kil.
Matières organiques combustibles ou volatiles (déduction faite de l'azote).	966,242	94,445
Azote en combinaison (moyenne de deux dosages). .	4,382	0,428
Substances minérales (cendres).	29,376	2,872

COMPOSITION DES CENDRES.

Silice	5,633	0,550
Oxyde de fer	0,242	0,024
Acide phosphorique	0,973	0,095
Chaux.	1,675	0,164
Magnésie.	0,938	0,092
Potasse	3,006	0,294
Soude.	10,394	1,016
Substances diverses non dosées.	6,515	0,637

15. — Cinquièmes nœuds.

	Par kilog. de matière sèche. gr.	Par hectare. kil.
Matières organiques combustibles ou volatiles (azote déduit).	950,880	14,520
Azote en combinaison.	9,825	0,150
Substances minérales (cendres).	39,295	0,600

COMPOSITION DES CENDRES.

Silice	8,581	0,131
Oxyde de fer	2,507	0,038
Acide phosphorique	1,016	0,016
Chaux.	3,329	0,051
Magnésie.	1,718	0,026
Potasse.	5,371	0,082
Soude.	8,979	0,137
Substances diverses non dosées.	7,794	0,119

16. — Cinquièmes feuilles.

	Par kilog. de matière sèche. gr.	Par hectare. kil.
Matières organiques combustibles ou volatiles (azote déduit).	908,674	30,173
Azote en combinaison (moyenne de deux dosages). .	12,390	0,411
Substances minérales (cendres).	78,936	2,622

COMPOSITION DES CENDRES.

Silice .	53,051	1,762
Oxyde de fer.	1,953	0,065
Acide phosphorique.	1,477	0,049
Chaux.	13,148	0,437
Magnésie.	1,360	0,045
Potasse.	traces	traces
Soude.	4,463	0,148
Substances diverses non dosées	3,484	0,116

17. — Tiges avortées.

	Par kilog. de matière sèche. gr.	Par hectare. kil.
Matières organiques combustibles ou volatiles (azote déduit).	906,039	163,875
Azote en combinaison (moyenne de deux dosages).	15,270	2,762
Substances minérales (cendres).	78,691	14,233

COMPOSITION DES CENDRES.

Silice .	47,965	8,676
Oxyde de fer.	3,428	0,620
Acide phosphorique	2,450	0,443
Chaux.	8,533	1,543
Magnésie.	0,531	0,096
Potasse	1,872	0,339
Soude.	4,303	0,778
Substances diverses non dosées.	9,609	1,738

Je vais maintenant résumer sous forme de tableaux, pour en faciliter la comparaison, les résultats fournis par cet examen distinct et détaillé des diverses parties de la récolte du 6 juillet 1864 (quatrième récolte).

Le premier de ces tableaux se rapporte au kilogramme de matière entièrement privée d'humidité ; dans le second se trouvent les mêmes résultats, rapportés à un hectare de blé récolté dans les conditions de l'expérience.

Composition des diverses subdivisions de la quatrième série, pour un kilogramme de matière sèche.

NATURE DES SUBSTANCES.	ÉPIS ENTIERS.	PARTIE SUPÉRIEURE DES TIGES.	PREMIERS NŒUDS.	PREMIÈRES FEUILLES.	PREMIERS ENTRE-NŒUDS.	DEUXIÈMES NŒUDS.	DEUXIÈMES FEUILLES.
	gr.	gr.	gr.	gr.	gr.	gr.	gr.
Matières organiques combustibles ou volatiles (azote déduit)	944,27	964,85	890,65	919,32	975,32	921,38	948,27
Azote en combinaison	19,09	12,41	14,01	19,39	6,02	11,22	19,07
Silice	14,56	7,62	5,44	33,44	8,86	2,80	26,79
Oxyde de fer, etc.	0,79	1,54	2,02	1,79	0,13	0,92	1,62
Acide phosphorique	4,76	1,66	4,13	3,36	1,45	5,02	3,54
Chaux	2,90	3,65	8,86	8,47	1,81	7,45	9,86
Magnésie	1,27	0,60	5,43	2,23	0,26	3,07	1,98
Potasse	5,73	4,03	32,57	5,83	2,41	23,42	2,34
Soude	0,81	0,80	5,01	4,96	2,56	10,34	2,25

NATURE DES SUBSTANCES.	DEUXIÈMES ENTRE-NŒUDS.	TROISIÈMES NŒUDS.	TROISIÈMES FEUILLES.	TROISIÈMES ENTRE-NŒUDS.	QUATRIÈMES NŒUDS.	QUATRIÈMES FEUILLES.	QUATRIÈMES ENTRE-NŒUDS.	CINQUIÈMES NŒUDS.	CINQUIÈMES FEUILLES.	TIGES AVORTÉES.
	gr.	gr.	gr.	gr.	gr.	gr.	gr.	gr.	gr.	gr.
Matières organiques combustibles ou volatiles (azote déduit)	974,55	946,84	917,31	972,60	951,29	912,27	966,24	950,88	908,07	906,04
Azote en combinaison	3,06	9,25	16,43	3,29	8,36	15,05	4,38	9,82	12,39	15,27
Silice	4,57	4,56	35,01	3,91	5,44	47,54	5,63	8,58	53,05	47,96
Oxyde de fer, etc.	1,01	0,29	1,82	0,34	0,40	2,04	0,24	2,51	1,95	3,48
Acide phosphorique	1,13	2,36	2,90	0,86	2,16	1,99	0,97	1,02	1,48	2,46
Chaux	1,52	4,10	9,80	1,16	3,73	10,75	1,57	3,33	13,15	8,56
Magnésie	0,20	1,33	1,12	0,47	1,12	0,74	0,94	1,72	1,36	0,53
Potasse	2,58	8,50	1,63	2,32	6,00	0,86	3,01	5,37	traces	1,57
Soude	6,59	10,85	5,45	9,82	12,04	3,26	10,39	8,98	4,45	4,30

Composition des diverses subdivisions de la quatrième série, pour un hectare.

NATURE DES SUBSTANCES.	ÉPIS ENTIERS.	PARTIE SUPÉRIEURE DES TIGES.	PREMIERS NŒUDS.	PREMIÈRES FEUILLES.	PREMIERS ENTRE-NŒUDS.	DEUXIÈMES NŒUDS.	DEUXIÈMES FEUILLES.	DEUXIÈMES ENTRE-NŒUDS.	TROISIÈMES NŒUDS.	TROISIÈMES FEUILLES.	TROISIÈMES ENTRE-NŒUDS.	QUATRIÈMES NŒUDS.	QUATRIÈMES FEUILLES.	QUATRIÈMES ENTRE-NŒUDS.	CINQUIÈMES NŒUDS.	CINQUIÈMES FEUILLES.	TIGES AVORTÉES.	POIDS TOTAL PAR HECTARE.
	kil.	kil.	kil.	kil.	kil.	kil.	kil.	kil.	kil.	kil.	kil.	kil.	kil.	kil.	kil.	kil.	kil.	kil.
Matières organiques combustibles ou volatiles (azote déduit)	1647,00	709,85	70,69	564,16	655,12	69,47	441,06	891,24	67,24	209,84	337,07	69,51	157,51	94,44	14,52	30,17	163,87	5743,33
Azote en combinaison	83,31	9,13	1,11	11,90	5,04	0,85	9,16	1,59	0,66	4,83	1,14	0,52	2,60	0,43	0,45	0,41	2,76	84,59
Silice.	25,39	5,61	0,43	20,52	5,96	0,30	12,38	1,54	0,32	10,30	1,85	0,34	8,24	0,55	0,13	1,76	8,68	103,95
Oxyde de fer.	1,57	1,13	0,16	1,10	0,09	0,07	0,78	0,40	0,03	0,53	0,12	0,01	0,35	0,02	0,04	0,06	0,62	6,58
Acide phosphorique	8,31	1,22	0,83	2,05	0,97	0,23	1,70	0,45	0,17	0,85	0,30	0,13	0,34	0,00	0,02	0,05	0,44	17,06
Chaux	5,07	2,69	0,79	5,20	1,21	0,56	4,74	0,61	0,29	2,88	0,40	0,23	1,56	0,16	0,08	0,44	1,54	28,63
Magnésie.	2,21	0,44	0,48	1,37	0,18	0,16	0,93	0,08	0,09	0,53	0,06	0,07	0,13	0,09	0,03	0,04	0,10	6,74
Potasse.	10,00	2,97	2,61	3,58	1,62	1,77	1,12	1,04	0,60	3,48	0,87	0,38	0,15	0,29	0,05	traces	0,34	27,90
Soude.	1,42	0,59	0,40	3,04	1,72	0,78	1,06	2,64	0,77	1,60	3,13	0,79	0,56	1,02	0,14	0,10	0,78	20,51

CHAPITRE VI.

CINQUIÈME RÉCOLTE.

Observations du 25 juillet 1861.

Nombre de touffes sur 4 centiares 898
Tiges épiées de toute grandeur. 1356
Tiges avortées diverses desséchées. 1032

                     Total. . . . . 2388 tiges.

En comparant au nombre des touffes le nombre total des tiges diverses, on trouve que le nombre moyen de tiges produites par chaque touffe (le *tallage* moyen) peut être exprimé par 2,66, un peu moins de trois tiges par pied (1).

J'ai subdivisé encore, comme dans les autres séries, les tiges normales portant épis et grains, et j'ai obtenu ainsi, à l'état de complète siccité :

	Matière sèche dans la parcelle. gr.	Matière sèche par hectare. kil.
1. Épis entiers	1016,192	2540,48.
2. Partie supérieure des tiges.	222,778	556,945
3. Premiers nœuds supérieurs.	28,470	71,175
4. Premières feuilles	166,064	415,16.
5. Premiers entre-nœuds.	223,272	558,18.
6. Deuxièmes nœuds	23,640	59,10.
7. Deuxièmes feuilles	145,610	364,925
A reporter.	1826,026	4565,065

(1) En comparant les nombres qui expriment le tallage moyen dans nos récoltes successives, on trouve des nombres qui vont en décroissant. Cette apparente diminution provient en partie de ce qu'il devient de plus en plus difficile de recueillir les tiges avortées, parce que les plus anciennement atrophiées ont presque entièrement disparu sous l'influence décomposante de l'air et de l'humidité.

		Par kilog. de matière sèche.	Par hectare.
Reports d'autre part. . .	1826,026	. . .	4565,065
8. Deuxièmes entre-nœuds.	125,908	. . . .	314,77.
9. Troisièmes nœuds . . . :	22,268	. . . .	55,67.
10. Troisièmes feuilles.	103,568	. . . .	258,92.
11. Troisièmes entre-nœuds	113,996	. . . .	284,99.
12. Quatrièmes nœuds.	21,232	. . . .	53,08.
13. Quatrièmes feuilles.	69,006	. . . .	172,515
14. Quatrièmes entre-nœuds.	42,670	. . . .	106,675
15. Cinquièmes nœuds	7,808	. . . .	19,52.
16. Cinquièmes feuilles.	17,432	. . . .	43,58.
17. Tiges avortées.	66,172	. . . .	165,43.
Totaux.	2416,086	. . . .	6040,215

1. — Épis considérés dans leur entier.

	Par kilog. de matière sèche. gr.		Par hectare. kil.
Matières organiques combustibles ou volatiles (azote déduit)	948,428	. . . .	2409,463
Azote en combinaison (moyenne de deux dosages). .	20,206	. . . .	51,333
Substances minérales (cendres).	31,366	. . . .	79,684

COMPOSITION DES CENDRES.

Silice	12,187	. . . .	30,961
Oxyde de fer	0,162	. . . .	0,411
Acide phosphorique	4,220	. . . .	10,875
Chaux.	2,141	. . . .	5,439
Magnésie.	1,698	. . . .	4,314
Potasse	5,427	. . . .	13,787
Soude.	0,351	. . . .	0,892
Substances diverses non dosées (acide carbonique, charbon, etc.)	5,180	. . . .	13,005

2. — Partie supérieure des tiges.

	Par kilog. de matière sèche. gr.		Par hectare. kil.
Matières organiques combustibles ou volatiles (non compris l'azote).	967,986	. . . .	539,12
Azote en combinaison (moyenne de deux dosages). .	6,200	. . . .	3,45
Substances minérales (cendres)	25,814	. . . .	14,38

COMPOSITION DES CENDRES.

Silice .	12,616	7,03
Oxyde de fer.	0,378	0,20
Acide phosphorique	1,203	0,67
Chaux.	3,093	1,72
Magnésie.	0,516	0,29
Potasse.	2,454	1,37
Soude.	1,419	0,79
Substances diverses non dosées	4,135	2,30

3. — Premiers nœuds supérieurs.

	Par kilog. de matière sèche.	Par hectare.
	gr.	kil.
Matières organiques combustibles ou volatiles (azote déduit)	900,272	64,077
Azote en combinaison.	9,045	0,644
Substances minérales (cendres)	90,683	6,454

COMPOSITION DES CENDRES.

Silice.	7,549	0,537
Oxyde de fer.	0,539	0,038
Acide phosphorique.	2,912	0,207
Chaux.	7,552	0,538
Magnésie.	4,851	0,345
Potasse	25,728	1,831
Soude.	8,874	0,632
Substances diverses non dosées.	32,678	2,326

4 — Premières feuilles.

	Par kilog. de matière sèche.	Par hectare.
	gr.	kil.
Matières organiques combustibles ou volatiles (non compris l'azote).	928,856	385,624
Azote en combinaison (moyenne de deux dosages).	10,458	4,342
Substances minérales (cendres).	60,686	25,194

COMPOSITION DES CENDRES.

Silice	41,593	17,268
Oxyde de fer	0,519	0,215
Acide phosphorique	2,013	0,836
Chaux	7,970	3,309
Magnésie.	1,977	0,821
Potasse.	0,502	0,208
Soude.	2,256	0,937
Substances diverses non dosées.	3,856	1,600

5. — Premiers entre-nœuds.

	Par kil. de mat. sèche. gr.	Par hectare. kil.
Matières organiques combustibles ou volatiles (azote déduit).	978,066	545,937
Azote en combinaison (moyenne de deux dosages). .	2,955	1,649
Substances minérales (cendres).	18,979	10,594

COMPOSITION DES CENDRES.

Silice	9,391	5,242
Oxyde de fer	0,470	0,262
Acide phosphorique	0,556	0,310
Chaux.	1,542	0,861
Magnésie.	0,324	0,181
Potasse	2,220	1,239
Soude.	2,648	1,478
Substances diverses non dosées.	1,828	1,021

6. — Deuxièmes nœuds.

	Par kil. de matière sèche. gr.	Par hectare. kil.
Matières organiques combustibles ou volatiles (non compris l'azote).	936,360	55,339
Azote en combinaison	6,307	0,373
Substances minérales (cendres).	57,333	3,388

COMPOSITION DES CENDRES.

Silice	3,180	0,188
Oxyde de fer	0,743	0,044
Acide phosphorique	1,128	0,067
Chaux.	3,970	0,235
Magnésie.	1,949	0,115
Potasse	20,767	1,227
Soude.	6,697	0,395
Substances diverses non dosées	18,899	1,117

7. — Deuxièmes feuilles.

	Par kil. de matière sèche. gr.	Par hectare. kil.
Matières organiques combustibles ou volatiles (non compris l'azote).	930,587	338,757
Azote en combinaison (moyenne de deux dosages). .	13,347	4,859
Substances minérales (cendres).	56,066	20,409

COMPOSITION DES CENDRES.

Silice	33,042	12,028
Oxyde de fer.	1,384	0,504
Acide phosphorique	2,794	1,017
Chaux.	8,899	3,240
Magnésie.	1,462	0,532
Potasse	1,119	0,407
Soude.	2,311	0,841
Substances diverses non dosées.	5,055	1,840

8. — Deuxièmes entre-nœuds.

	Par kil. de matière sèche. gr.	Par hectare. kil.
Matières organiques combustibles ou volatiles (non compris l'azote).	975,507	307,060
Azote en combinaison (moyenne de trois dosages). .	2,560	0,806
Substances minérales (cendres).	21,933	6,904

COMPOSITION DES CENDRES.

Silice	5,806	 1,826
Oxyde de fer	1,117	 0,352
Acide phosphorique	0,314	 0,099
Chaux.	1,072	 0,338
Magnésie.	0,632	 0,199
Potasse	2,260	 0,711
Soude.	5,062	 1,594
Substances diverses non dosées	5,670	 1,785

9, — Troisièmes nœuds.

	Par kilog. de matière sèche.	Par hectare.
	gr.	kil.
Matières organiques combustibles ou volatiles (azote déduit)	952,831	 53,045
Azote en combinaison.	5,667	 0,316
Substances minérales (cendres).	44,502	 2,209

COMPOSITION DES CENDRES.

Silice	4,347	 0,242
Oxyde de fer.	0,823	 0,046
Acide phosphorique	1,345	 0,075
Chaux.	2,791	 0,155
Magnésie.	0,724	 0,040
Potasse.	9,135	 0,508
Soude.	11,231	 0,625
Substances diverses non dosées.	11,106	 0,618

10. — Troisièmes feuilles.

	Par kilog. de matière sèche.	Par hectare.
	gr.	kil.
Matières organiques combustibles ou volatiles (non compris l'azote).	920,117	 238,246
Azote en combinaison (moyenne de deux dosages). .	15,313	 3,965
Substances minérales (cendres).	64,570	 16,719

COMPOSITION DES CENDRES.

Silice	42,190	10,924
Oxyde de fer.	1,895	0,491
Acide phosphorique.	3,329	0,862
Chaux.	11,268	2,918
Magnésie.	0,519	0,134
Potasse.	1,017	0,263
Soude.	2,323	0,602
Substances diverses non dosées	2,029	0,525

11. — Troisièmes entre-nœuds.

	Par kilog. de matière sèche. gr.	Par hectare. kil.
Matières organiques combustibles ou volatiles (azote déduit)	969,353	276,256
Azote en combinaison (moyenne de deux dosages). .	2,393	0,682
Substances minérales (cendres).	28,254	8,052

COMPOSITION DES CENDRES.

Silice	5,682	1,619
Oxyde de fer.	1,238	0,353
Acide phosphorique.	0,212	0,061
Chaux.	0,867	0,247
Magnésie.	0,233	0,066
Potasse.	3,581	1,021
Soude.	8,759	2,496
Substances diverses non dosées.	7,682	2,189

12.—Quatrièmes nœuds.

	Par kilog. de matière sèche. gr.	Par hectare. kil.
Matières organiques combustibles ou volatiles (non compris l'azote).	958,832	50,895
Azote en combinaison (moyenne de deux dosages). .	5,272	0,280
Substances minérales (cendres).	35,896	1,905

COMPOSITION DES CENDRES.

Silice	6,185	0,328
Oxyde de fer.	0,843	0,045
Acide phosphorique.	1,822	0,097
Chaux.	4,431	0,235
Magnésie.	1,221	0,065
Potasse.	7,295	0,387
Soude.	11,613	0,616
Substances diverses non dosées.	2,496	0,132

13. — Quatrièmes feuilles.

	Par kilog. de matière sèche. gr.	Par hectare. kil.
Matières organiques combustibles ou volatiles (azote déduit).	909,186	156,849
Azote en combinaison (moyenne de deux dosages). .	14,789	2,552
Substances minérales (cendres)	76,025	13,114

COMPOSITION DES CENDRES.

Silice.	51,609	8,904
Oxyde de fer.	1,259	0,217
Acide phosphorique.	2,341	0,404
Chaux.	12,183	2,102
Magnésie.	0,782	0,135
Potasse.	0,466	0,077
Soude.	2,935	0,507
Substances diverses non dosées	4,450	0,768

14. — Quatrièmes entre-nœuds

	Par kilog. de matière sèche. gr.	Par hectare. kil.
Matières organiques combustibles ou volatiles (non compris l'azote).	961,968	102,618
Azote en combinaison (moyenne de deux dosages). .	2,975	0,317
Substances minérales (cendres).	35,057	3,740

COMPOSITION DES CENDRES.

Silice	7,054	0,752
Oxyde de fer	1,473	0,157
Acide phosphorique	0,078	0,008
Chaux.	0,750	0,080
Magnésie.	0,474	0,051
Potasse	1,936	0,207
Soude.	15,323	1,635
Substances diverses non dosées.	7,969	0,850

15. — Cinquièmes nœuds.

	Par kil. de matière sèche. gr.	Par hectare. kil.
Matières organiques combustibles ou volatiles (non compris l'azote).	949,199	18,528
Azote en combinaison.	5,070	0,099
Substances minérales (cendres).	45,731	0,893

COMPOSITION DES CENDRES.

Silice.	16,006	0,313
Oxyde de fer.	0,995	0,019
Acide phosphorique	0,762	0,015
Chaux.	3,144	0,061
Magnésie.	1,882	0,037
Potasse	4,768	0,093
Soude.	10,613	0,207
Substances diverses non dosées.	7,561	0,148

16. — Cinquièmes feuilles.

	Par kil. de matière sèche. gr.	Par hectare. kil.
Matières organiques combustibles ou volatiles (non compris l'azote).	884,745	38,557
Azote en combinaison (moyenne de deux dosages). .	13,284	0,579
Substances minérales (cendres).	101,971	4,444

COMPOSITION DES CENDRES.

Silice .	75,719	3,300
Oxyde de fer .	1,389	0,060
Acide phosphorique .	1,140	0,050
Chaux.	14,367	0,626
Magnésie.	0,595	0,026
Potasse .	traces	traces
Soude.	3,124	0,136
Substances diverses non dosées.	5,637	0,246

17. — Tiges avortées.

	Par kilog. de matière sèche.	Par hectare.
	gr.	kil.
Matières organiques combustibles ou volatiles (non compris l'azote).	914,376	151,265
Azote en combinaison (moyenne de deux dosages). .	14,072	2,328
Substances minérales (cendres)	71,552	11,837

COMPOSITION DES CENDRES.

Silice .	44,343	7,336
Oxyde de fer .	2,801	0,463
Acide phosphorique .	2,944	0,487
Chaux.	10,159	1,681
Magnésie.	1,282	0,212
Potasse .	1,109	0,184
Soude.	2,602	0,430
Substances diverses non dosées.	6,312	1,044

Pour faciliter la comparaison des résultats fournis par cet examen distinct et détaillé des diverses parties de la récolte du 25 juillet 1864, j'ai rassemblé ces résultats sous forme de tableaux synoptiques, dont le premier se rapporte au kilogramme de matière sèche de chacune des subdivisions de la récolte, et dont le second renferme les résultats rapportés à un hectare de blé venu et récolté dans des conditions semblables à celles dans lesquelles je me trouvais placé.

9

Composition des diverses subdivisions de la cinquième série, pour un kilogramme de matière sèche.

NATURE DES SUBSTANCES.	ÉPIS ENTIERS.	PARTIE SUPÉRIEURE DES TIGES.	PREMIERS NŒUDS.	PREMIÈRES FEUILLES.	PREMIERS ENTRE-NŒUDS.	DEUXIÈMES NŒUDS.	DEUXIÈMES FEUILLES.
	gr.	gr.	gr.	gr.	gr.	gr.	gr.
Matières organiques combustibles ou volatiles (azote déduit)	948,43	987,99	990,27	928,86	975,47	936,36	930,59
Azote en combinaison	30,24	6,20	9,04	15,46	2,96	8,34	13,35
Silice	12,19	12,62	7,85	44,59	9,39	3,18	33,04
Oxyde de fer, etc.	8,16	0,88	0,54	8,52	0,47	0,74	1,38
Acide phosphorique	4,22	1,20	2,94	2,81	0,56	1,13	2,79
Chaux	2,14	3,09	7,56	7,97	1,54	3,97	8,00
Magnésie	1,70	0,52	4,85	1,98	0,32	1,05	1,46
Potasse	5,43	2,45	25,73	8,50	2,22	20,77	4,12
Soude	8,35	1,42	8,57	2,36	2,65	6,70	2,31

NATURE DES SUBSTANCES.	DEUXIÈMES ENTRE-NŒUDS.	TROISIÈMES NŒUDS.	TROISIÈMES FEUILLES.	TROISIÈMES ENTRE-NŒUDS.	QUATRIÈMES NŒUDS.	QUATRIÈMES FEUILLES.	QUATRIÈMES ENTRE-NŒUDS.	CINQUIÈMES NŒUDS.	CINQUIÈMES FEUILLES.	TIGES AVORTÉES.
	gr.	gr.	gr.	gr.	gr.	gr.	gr.	gr.	gr.	gr.
Matières organiques combustibles ou volatiles (azote déduit)	975,51	952,88	920,12	969,35	958,83	909,49	961,97	949,20	884,75	914,88
Azote en combinaison	2,56	8,67	15,31	2,89	3,27	14,79	2,97	5,07	13,98	14,07
Silice	5,51	4,35	42,19	5,68	6,18	54,61	7,85	16,01	75,72	44,34
Oxyde de fer, etc.	4,12	5,82	1,89	1,24	0,84	1,26	1,47	0,56	1,89	2,85
Acide phosphorique	8,31	1,34	3,33	0,24	1,82	2,34	0,08	0,75	1,14	2,94
Chaux	1,07	2,79	11,27	0,87	4,43	12,18	0,75	3,14	14,37	10,16
Magnésie	0,63	0,72	0,52	0,23	1,22	0,78	0,47	1,88	0,59	1,28
Potasse	2,26	9,43	1,02	3,58	7,39	0,47	1,94	5,77	traces	1,11
Soude	5,06	11,23	2,52	8,76	11,61	2,94	15,39	10,01	3,12	2,60

Composition des diverses subdivisions de la cinquième série, pour un hectare.

NATURE DES SUBSTANCES.	ÉPIS ENTIERS.	PARTIE SUPÉRIEURE DES TIGES.	PREMIERS NŒUDS.	PREMIÈRES FEUILLES.	PREMIERS ENTRE-NŒUDS.	DEUXIÈMES NŒUDS.	DEUXIÈMES FEUILLES.	DEUXIÈMES ENTRE-NŒUDS.	TROISIÈMES NŒUDS.	TROISIÈMES FEUILLES.	TROISIÈMES ENTRE-NŒUDS.	QUATRIÈMES NŒUDS.	QUATRIÈMES FEUILLES.	QUATRIÈMES ENTRE-NŒUDS.	CINQUIÈMES NŒUDS.	CINQUIÈMES FEUILLES.	TIGES AVORTÉES.	POIDS TOTAL PAR HECTARE.
	kil.	kil.	kil.	kil.	kil.	kil.	kil.	kil.	kil.	kil.	kil.	kil.	kil.	kil.	kil.	kil.	kil.	kil.
Matières organiques combustibles ou volatiles (azote déduit)	2409,46	539,12	64,08	385,62	545,94	55,34	338,76	307,96	53,00	238,25	276,26	50,89	156,85	102,02	18,50	38,56	151,26	5731,64
Azote en combinaison	51,33	3,45	0,54	4,34	1,65	0,87	4,85	0,81	0,32	3,96	0,68	0,28	2,55	0,32	0,10	0,58	2,33	78,57
Silice.	30,96	7,03	0,54	17,27	5,24	0,19	12,03	1,83	0,24	10,92	1,67	0,33	8,90	0,75	0,31	3,30	7,34	105,80
Oxyde de fer	0,41	0,20	0,04	0,21	0,26	0,04	0,50	0,35	0,05	0,49	0,35	0,04	0,22	0,16	0,03	0,05	0,26	3,86
Acide phosphorique	10,88	0,57	0,21	0,54	0,31	0,07	1,02	0,10	0,07	0,86	0,06	0,10	0,40	0,01	0,04	0,05	0,49	16,15
Chaux	5,44	4,72	0,54	3,31	0,86	0,25	3,24	0,35	0,15	2,99	0,25	0,23	2,10	0,48	0,06	0,63	1,58	28,78
Magnésie.	4,31	0,29	0,34	0,82	0,18	0,11	6,53	0,29	0,04	0,13	0,07	0,06	0,43	0,06	0,94	0,08	0,21	7,54
Potasse.	13,79	1,37	1,82	0,21	1,24	1,23	4,41	0,71	0,54	0,25	1,02	0,30	0,08	0,24	0,05	traces	0,18	23,63
Soude.	0,89	4,79	0,63	0,94	1,48	0,39	0,84	1,59	0,52	0,50	2,50	0,02	0,51	4,63	0,21	0,14	0,43	14,84

CHAPITRE VII.

COMPARAISON DES RÉSULTATS OBTENUS AUX DIFFÉRENTES ÉPOQUES D'OBSERVATION.

De l'inspection sommaire des résultats généraux qui précèdent, il est déjà permis de tirer plusieurs conséquences importantes, au point de vue physiologique aussi bien qu'au point de vue de l'agronomie pratique.

Parmi ces conséquences, nous nous bornerons à signaler, quant à présent, les plus évidentes et les plus générales, en nous réservant de les compléter un peu plus tard.

Nous voyons d'abord que le poids de la récolte entière ne s'accroît pas d'une manière continue jusqu'à l'époque de la maturité pratique du grain, ou, en d'autres termes, jusqu'à la moisson (1).

Époques de la récolte.	Poids.	Époques de la récolte.	Poids.
11 mai 1864	1417 kil.	6 juillet 1864	6076 kil.
3 juin 1864	3146	25 id. id.	6040
22 id. id.	5684		

Quinze à vingt jours au moins avant la moisson, le poids total de la récolte cesse donc d'augmenter.

J'avais déjà constaté et signalé un résultat semblable sur les récoltes de 1862, venues dans un autre champ, dans des conditions culturales notablement différentes; j'avais également constaté le même fait sur le colza. Ce fait se présente donc avec une certaine constance et avec une certaine généralité que confirmeront, sans doute, les recherches qu'on pourra faire sur d'autres plantes analogues.

Mais si, quelques semaines avant la maturité du blé, la plante considérée dans son entier paraît cesser de s'accroître en poids, les choses se passent-elles de la même manière dans chacune de ses différentes parties, telles que nous les avons séparées? Pour pouvoir en juger plus

(1) Il s'agit toujours ici, bien entendu, de matières entièrement privées d'humidité.

facilement, nous allons rassembler sous forme de tableaux les nombres qui représentent les poids successifs de ces différentes parties, qui nous présenteront plus d'une fois des variations en sens inverse les unes des autres.

Poids successifs des différentes parties, pour un hectare.

DÉSIGNATION DES PARTIES.	11 MAI.	3 JUIN.	22 JUIN.	6 JUILLET.	25 JUILLET.
	kil.	kil.	kil.	kil.	kil.
Épis pleins	»	250,03	916,74	1744,65	2540,48
Partie supérieure des tiges	»	21,50	634,45	735,71	556,94
Premiers entre-nœuds	»	93,05	696,3.	671,69	558,18
Deuxièmes entre-nœuds	»	»	436,72	401,42	314,77
Troisièmes entre-nœuds	60,16	»	356,53	346,56	284,99
Quatrièmes entre-nœuds	80,61	»	114,15	97,74	106,65
Premières feuilles	»	483,21	687,53	613,67	415,16
Deuxièmes feuilles	»	»	586,05	480,32	364,92
Troisièmes feuilles	286,31	»	399,43	294,16	258,92
Quatrièmes feuilles	249,89	»	234,88	172,66	172,51
Cinquièmes feuilles	152,32	»	48,21	33,20	43,58
Premiers nœuds	»	24,97	63,44	79,36	71,18
Deuxièmes nœuds	»	»	72,85	75,39	59,10
Troisièmes nœuds	20,88	»	81,14	71,06	55,67
Quatrièmes nœuds	30,21	»	70,48	62,56	53,08
Cinquièmes nœuds	15,02	»	19,70	15,27	19,52
Toutes les feuilles réunies	»	1748,90	1956,11	1594,01	1255,10
Tous les entre-nœuds réunis	»	791,21	2238,15	2253,13	1821,56
Tous les nœuds réunis	»	190,19	307,62	303,63	258,55
Récoltes entières	1417,01	3145,86	5684,11	6076,31	6040,21

Il semble résulter des nombres inscrits dans le tableau qui précède, *que l'épi du blé emprunte aux différentes parties de la tige qui le supporte à peu près tout l'accroissement de poids qu'il éprouve pendant les quinze à vingt derniers jours de son développement.* Si nous comparons, en effet, les poids des diverses parties correspondantes de la plante au commencement et à la fin de cette dernière période de sa vie, nous les voyons toutes éprouver une diminution de poids plus ou moins considérable, que nous allons mettre sous les yeux du lecteur :

	6 juillet.	25 juillet.	Diminution du poids.
Toutes les feuilles réunies	1594$^{kil.}$ . . .	1255$^{kil.}$	339$^{kil.}$
Tous les entre-nœuds, y compris la partie supérieure des tiges. . . .	2253 . . .	1822	431
Tous les nœuds.	304 . . .	259	45
Totaux	4151 . . .	3336	815
			Accroissement.
Poids total des épis pleins	1745 . . .	2541	796

L'accroissement du poids des épis représente, à quelques kilogrammes près, la diminution subie dans le même temps par les autres parties de la plante (1).

Si nous recherchons les données correspondantes relatives aux récoltes de l'année 1862 (2), voici ce que nous trouvons :

	15 juillet 1862.	30 juillet.	Diminution de poids.
Toutes les feuilles réunies aux tiges mortes et sèches avortées.	1889$^{kil.}$ . .	1577$^{kil.}$ . .	312$^{kil.}$
Tiges entières dépouillées de leurs feuilles depuis le collet jusqu'à l'épi exclusivement.	2835 . .	2363 . .	472
Totaux	4724	3940	784
			Accroissement.
Poids total des épis pleins	2195	2986	791

L'accroissement de poids de l'épi, dans la dernière quinzaine, est ici de 791 kilogrammes par hectare, tandis que la diminution du poids

---

(1) Nous pourrions même ajouter que le sens de la petite différence est ce qu'il doit être, puisque les feuilles basses subissent un commencement d'altération dans cette dernière période de la végétation de la plante à laquelle elles ne participent plus d'une manière sensible ; d'où il doit résulter une perte sur le poids total des feuilles.

(2) Voir le *Bulletin de la Société Linnéenne de Normandie*, t. IX, pages 74 et suiv.

de la tige et des feuilles réunies s'élève à 784 kilogrammes; ces deux nombres sont encore identiques dans les limites du possible.

Enfin, dans mes Études sur le développement du Colza, un rapprochement de cette nature conduirait à des résultats qui peuvent s'exprimer ainsi, pour les récoltes de 1859 :

	6 juin 1859.	20 juin.	Accroissement de poids.
Siliques pleines.	3887$^{kil.}$	5018$^{kil.}$	1131$^{kil.}$
Tiges et feuilles, après l'enlèvement			*Diminution.*
des siliques pleines.	4158$^{kil.}$	2987$^{kil.}$	1171$^{kil.}$

Il serait encore difficile de méconnaître ici une remarquable identité dans les différences, c'est-à-dire dans l'accroissement du poids des siliques, d'une part, et, de l'autre, dans la diminution de poids des tiges et feuilles de la plante. Il semble donc permis de croire, d'après cet ensemble de résultats obtenus dans des années assez distantes, que plusieurs semaines avant la moisson, dans le Colza et surtout dans le Blé, la vie de la plante est une vie tout intérieure dans laquelle l'intervention du sol doit être peu importante. Il semble que la plante contient alors toute sa provision de substance, et que les derniers efforts de la vie végétale n'ont plus d'autre but et d'autre effet qu'un complément d'élaboration et une répartition différente des principes constitutifs de la plante, principalement au profit de la graine.

Si nous examinons maintenant un peu plus en détail les variations de poids de quelques-unes des parties de la plante qui fait plus spécialement l'objet de ces études, nous trouvons que, dans les feuilles du blé considérées à part et toutes ensemble, la diminution de poids paraît commencer quatre semaines avant la moisson ; c'est un résultat que viennent encore confirmer les récoltes de 1862. — Les tiges dépouillées de feuilles des récoltes de 1864 conduisent à une remarque de même genre que la précédente ; mais cette remarque est moins générale, parce que nous n'en trouvons plus la complète confirmation dans les récoltes de 1862. Nous pourrions encore signaler plusieurs autres faits de détail, mais nous y reviendrons plus tard ; nous allons d'abord présenter un résumé synoptique des variations qu'ont éprouvées, dans les différentes parties de nos récoltes, la proportion et le poids total de leurs principaux éléments constitutifs.

10

Proportions d'AZOTE par kilogramme de matière sèche.

DÉSIGNATION DES PARTIES.	11 MAI.	3 JUIN.	22 JUIN.	6 JUILLET.	25 JUILLET.
	gr.	gr.	gr	g r.	gr.
Épis pleins	»	86,18	18,66	19,09	20,21
Partie supérieure des tiges	»	30,63	16,52	12,41	6,20
Premiers entre-nœuds.	»	27,68	8,89	6,02	2,96
Deuxièmes entre-nœuds.	»	18,91	5,43	3,96	2,56
Troisièmes entre-nœuds.	40,06	10,62	5,11	3,29	2,39
Quatrièmes entre-nœuds.	17,49	6,18	4,75	4,38	2,97
Premières feuilles.	»	24,50	23,25	19,30	10,46
Deuxièmes feuilles.	»	27,75	23,23	19,07	43,35
Troisièmes feuilles.	37,84	24,90	20,73	16,43	15,31
Quatrièmes feuilles	33,16	25,58	17,65	15,05	14,79
Cinquièmes feuilles.	48,00	23,07	13,54	12,39	13,28
Premiers nœuds.	»	35,68	19,96	14,01	9,04
Deuxièmes nœuds.	»	32,24	15,76	11,22	6,31
Troisièmes nœuds.	62,62	29,61	11,07	9,35	5,67
Quatrièmes nœuds.	37,91	22,59	9,37	8,30	5,27
Cinquièmes nœuds.	31,86	18,54	9,87	9,82	5,07
Moyenne des feuilles	»	25,52	21,82	18,76	12,99
Moyenne des entre-nœuds.	»	11,45	9,56	7,25	3,78
Moyenne des nœuds.	»	25,32	13,55	10,83	6,64
Récolte entière	35,85	22,75	15,82	13,92	43,01

Poids total d'AZOTE par hectare.

DÉSIGNATION DES PARTIES	11 MAI.	3 JUIN.	22 JUIN.	6 JUILLET.	25 JUILLET.
	kil.	kil.	kil.	kil.	kil.
Épis pleins	»	9,05	17,10	33,31	51,33
Partie supérieure des tiges	»	0,66	10,49	9,13	3,45
Premiers entre-nœuds	»	2,58	6,19	4,04	1,65
Deuxièmes entre-nœuds	»	1,29	2,37	1,59	0,81
Troisièmes entre-nœuds	2,41	3,17	1,82	1,14	0,68
Quatrièmes entre-nœuds	1,41	1,77	0,54	0,43	0,32
Premières feuilles	»	11,84	15,99	11,90	4,34
Deuxièmes feuilles	»	13,00	13,61	9,16	4,86
Troisièmes feuilles	10,83	4,18	8,28	4,83	3,96
Quatrièmes feuilles	8,29	9,67	4,15	2,60	2,55
Cinquièmes feuilles	2,74	5,80	0,65	0,41	0,58
Premiers nœuds	»	0,89	1,27	1,11	0,64
Deuxièmes nœuds	»	0,39	1,15	0,85	0,37
Troisièmes nœuds	1,37	1,21	0,90	0,66	0,32
Quatrièmes nœuds	1,14	1,33	0,66	0,52	0,28
Cinquièmes nœuds	0,48	0,98	0,49	0,15	0,10
Toutes les feuilles réunies	»	44,49	42,68	28,90	16,29
Tous les entre-nœuds	»	9,47	21,41	16,33	6,91
Tous les nœuds	»	4,80	4,17	3,29	1,71
Récolte entière	50,80	71,58	89,95	84,59	78,58

Il est bien facile de reconnaître, à l'inspection du premier des deux tableaux qui précèdent, que *la proportion d'azote contenue dans un kilogramme de chacune des parties de la plante éprouve une diminution graduelle et rapide, à mesure que la plante avance vers la maturité.* Cette diminution a lieu dans toutes les parties homologues de même rang (premières feuilles, deuxièmes feuilles..... premiers nœuds, deuxièmes nœuds..... premiers entre-nœuds..... etc...). Les épis pleins forment une exception sur laquelle nous reviendrons plus tard.

Considérée dans son ensemble, *la plante entière* subit elle-même cette diminution d'une manière bien tranchée, puisque la proportion d'azote y descend de 36 millièmes (11 mai) à 13 millièmes (25 juillet).

Si, au lieu de suivre une même subdivision de la plante aux diverses époques successives d'observation, nous comparons, à une même époque quelconque, les subdivisions de même nature, feuilles, nœuds ou entre-nœuds, en allant du sommet de la plante vers le pied, nous observerons également une diminution progressive dans les entre-nœuds successifs, aussi bien que dans les feuilles et dans les nœuds ; en sorte que les parties les plus anciennement développées sont toujours les plus pauvres. C'est ainsi que, le 3 juin 1864, la partie supérieure des tiges contenait près de 31 millièmes de son poids d'azote, tandis que le quatrième entre-nœud n'en contenait que 6 millièmes, c'est-à-dire la cinquième partie ; c'est ainsi encore que, le 22 juin, les premières feuilles (supérieures) contenaient plus de 23 millièmes de leur poids d'azote, tandis que les cinquièmes feuilles (inférieures) n'en contenaient que 13 millièmes et demi à la même époque.

Faut-il chercher l'explication de cet appauvrissement dans une augmentation de poids par suite de laquelle la même quantité d'azote, répartie entre un plus grand nombre de kilogrammes, en fournirait tout naturellement moins à chacun d'eux ? Mais nous savons déjà (Voir page 72) que le poids total des feuilles éprouve, pendant les quatre dernières semaines qui précèdent l'époque de la moisson, une diminution très-notable, et qu'il en est de même pour les nœuds et pour les entre-nœuds. Il faut donc chercher ailleurs l'explication de l'appauvrissement que nous venons de signaler.

Si, au lieu de nous borner à l'examen de la proportion d'azote contenue dans un poids déterminé de matière, nous portons notre attention sur *le poids total* de l'azote, nous voyons que, pendant le dernier mois, certaines parties en ont perdu les trois quarts, principalement les parties supérieures, les plus jeunes, celles dans lesquelles les phénomènes de la vie s'accomplissent avec le plus d'activité.

Mais si toutes les autres régions de la plante ont ainsi perdu la majeure partie de l'azote qu'elles contenaient primitivement, l'épi en a énormément gagné pendant le même temps, environ 200 pour 100. *C'est donc par suite d'un phénomène de transport vers l'épi, que le reste de la plante perd, pendant le dernier mois,* LES DEUX TIERS *de son azote.*

Cet accroissement du poids total de l'azote dans l'épi doit se faire alors avec une certaine régularité, dans des circonstances normales ; car, en nous reportant aux résultats constatés sur les récoltes de 1862, nous voyons cet accroissement suivre presque exactement la même marche qu'en 1864, comme cela résulte de la comparaison des nombres suivants :

29 juin 1862. Poids total d'azote dans les épis, 16 kil. par hectare.
22 juin 1864.   Id.   id.   17,1   id.

13 juillet 1862.   Id.   id.   33,9   id.
6 juillet 1864.   Id.   id.   33,3   id.

30 juillet 1862.   Id.   id.   51,5   id.
25 juillet 1864.   Id.   id.   51,3   id.

L'accroissement du poids de l'azote des épis, pendant les trois dernières semaines, ne représente pas complètement la perte subie par le reste de la plante (feuilles et tiges nues) : le premier ne s'élève qu'à 18 kilog. par hectare, tandis que la perte se monte à 23 kilog. 6 ; c'est-à-dire que le poids total de l'azote de la récolte entière a éprouvé une diminution sensible.

Cette perte, qui peut surprendre à première vue, n'est pas inexplicable. En effet, supposons que, pendant les dernières semaines de sa vie, la plante cesse de s'approprier l'azote des sources chargées de l'alimenter. Les parties les plus anciennes, déjà plus ou moins complètement atrophiées, pourront éprouver un commencement d'altération et de désorganisation : d'où il pourra résulter une perte d'azote et d'autres principes altérables ou solubles. Mais cette altération doit varier d'une année à l'autre, avec les circonstances : aussi ne paraît-elle pas aussi prononcée dans les récoltes de 1862 que dans celles de 1864.

Mais, en 1862 *comme en* 1864, *le poids total de l'azote contenu dans la récolte entière paraissait atteindre son maximum environ un mois avant la moisson.*

Enfin, dans les récoltes de 1862 aussi bien que dans celles de 1864, j'ai vu *le poids de l'azote contenu dans la totalité des feuilles ou dans la totalité des tiges nues, après avoir progressé jusqu'après la floraison, commencer à décroître ensuite d'une manière continue plus de six semaines avant la moisson.*

En nous reportant aux résultats observés sur le Colza, nous arrivons à des conséquences tout-à-fait analogues, en ce qui concerne la *richesse* en azote de cette plante considérée dans son entier, et le *poids total* de l'azote contenu dans la récolte. C'est ce qui résulte clairement des nombres suivants :

Azote par kilogr. de matière sèche.

	gr.
Colza du 22 mars 1859.	23,67
— 2 avril —	21,63
— 6 mai —	15,54
— 6 juin —	13.49
— 20 juin, époque de la moisson.	12,74

Poids total d'azote de la récolte entière.

	kil.
Colza du 22 mars 1859.	87,84
— 2 avril —	93,22
— 6 mai —	131,40
— 6 juin —	124,19
— 20 juin —	117,11

Nous pourrions presque répéter ici, mot pour mot, la conclusion générale que nous formulions plus haut pour le blé.

Proportion d'acide PHOSPHORIQUE par kilogramme de matière sèche.

DÉSIGNATION DES PARTIES.	11 MAI.	3 JUIN.	22 JUIN.	6 JUILLET.	25 JUILLET.
	gr.	gr.	gr.	gr.	gr.
Épis pleins	»	9,72	4,73	4,76	4,22
Partie supérieure des tiges.	»	9,30	4,67	1,66	1,20
Premiers entre-nœuds.	»	7,51	2,67	1,45	0,31
Deuxièmes entre-nœuds.	»	3,52	1,95	1,13	0,31
Troisièmes entre-nœuds.	5,06	2,28	1,44	0,86	0,21
Quatrièmes entre-nœuds.	4,33	1,11	0,60	0,97	0,08
Premières feuilles.	»	3,94	3,52	3,36	2,01
Deuxièmes feuilles.	»	3,62	3,49	3,54	2,79
Troisièmes feuilles	6,63	3,51	2,64	2,90	3,33
Quatrièmes feuilles	5,68	2,57	3,06	1,99	2,34
Cinquièmes feuilles	5,66	2,67	2,31	1,48	1,14
Premiers nœuds.	»	9,64	6,71	4,13	2,91
Deuxièmes nœuds.	»	8,79	4,87	3,02	1,13
Troisièmes nœuds.	8,56	3,81	2,72	2,36	1,34
Quatrièmes nœuds.	7,93	4,21	2,18	2,46	1,82
Cinquièmes nœuds.	6,28	2,95	1,39	1,02	0,76
Toutes les feuilles réunies.	»	3,29	3,27	3,14	2,52
Tous les entre-nœuds.	»	2,82	2,78	1,35	0,51
Tous les nœuds.	»	4,84	3,88	2,90	1,74
Récolte entière	6,89	3,79	3,28	2,91	2,51

Poids total d'acide PHOSPHORIQUE par hectare.

DÉSIGNATION DES PARTIES.	11 MAI.	3 JUIN.	22 JUIN.	6 JUILLET.	25 JUILLET.
	kil.	kil.	kil.	kil.	kil.
Épis pleins	»	2,43	4,33	8,31	10,88
Partie supérieure des tiges.	»	0,20	2,97	1,22	0,67
Premiers entre-nœuds.	»	0,70	1,86	0,97	0,56
Deuxièmes entre-nœuds.	»	0,33	0,85	0,45	0,10
Troisièmes entre-nœuds.	0,30	0,68	0,51	0,30	0,06
Quatrièmes entre-nœuds.	0,35	0,32	0,07	0,09	0,01
Premières feuilles.	»	1,91	2,42	2,06	0,84
Deuxièmes feuilles.	»	1,70	2,05	1,70	1,02
Troisièmes feuilles.	1,90	0,59	1,05	0,85	0,86
Quatrièmes feuilles	1,42	0,97	0,72	0,34	0,40
Cinquièmes feuilles.	0,86	0,67	0,16	0,05	0,05
Premiers nœuds.	»	0,24	0,43	0,33	0,21
Deuxièmes nœuds.	»	0,11	0,35	0,23	0,07
Troisièmes nœuds.	0,19	0,16	0,22	0,17	0,07
Quatrièmes nœuds.	0,24	0,25	0,15	0,13	0,10
Cinquièmes nœuds.	0,09	0,16	0,03	0,02	0,01
Toutes les feuilles réunies.	»	5,84	6,40	5,00	1,15
Tous les entre-nœuds.	»	2,23	6,25	3,03	3,17
Tous les nœuds.	»	0,92	1,18	0,88	0,45
Récolte entière	9,76	11,91	18,66	17,66	16,15

Nous voyons se manifester, pour l'acide phosphorique, dans toutes les parties, un appauvrissement analogue à celui que nous avons déjà constaté pour l'azote (page 76), et nous pourrions répéter ici presque mot à mot (sauf les chiffres) les mêmes remarques, soit qu'il s'agisse de l'appauvrissement des parties de même nature, quand on va, pour une époque donnée d'observation, du sommet de la plante vers le pied, soit qu'il s'agisse des parties homologues *de même étage* (1) en approchant successivement vers l'époque de la moisson.

Nous voyons de même le poids total de l'acide phosphorique commencer à diminuer dans l'ensemble des feuilles, dans l'ensemble des nœuds et dans l'ensemble des entre-nœuds, plus d'un mois avant la moisson, tandis qu'il y a, dans l'épi, un rapide accroissement correspondant.

Mais, à partir de cette époque (un mois avant la moisson), il n'y a plus d'augmentation dans le poids total d'acide phosphorique de la plante entière : il y aurait plutôt une tendance à la diminution, comme nous l'avons déjà signalé pour l'azote, et nous en pourrions donner une explication tout-à-fait semblable.

Pour l'acide phosphorique comme pour l'azote, la diminution subie par les tiges, pendant les trois dernières semaines, est notablement supérieure au gain fait par les épis ; c'est ce qui résulte de la comparaison des nombres extraits du tableau de la page 80, qui donnent, pour un hectare, les poids d'acide phosphorique ci-après indiqués :

	6 juillet.	25 juillet.	Diminution.
	kil.	kil.	kil.
Dans les feuilles.	5,00	1,15	3,85
Dans les nœuds	0,88	0,45	0,43
Dans les entre-nœuds.	3,03	3,17	— 0,14
Perte pour un hectare.			4,14
Dans les épis.	8,31	10,88	Augmentation 2,57 seulement.

Un déficit analogue se retrouve dans les récoltes de 1862.

(1) Il est à peine besoin d'expliquer cette expression, qui nous a paru très-heureuse pour désigner des parties entièrement similaires, telles que *premières feuilles supérieures*, *troisièmes entre-nœuds*, *quatrièmes nœuds*, etc.

11

Proportion de CHAUX par kilogramme de matière sèche.

DÉSIGNATION DES PARTIES.	11 MAI.	3 JUIN.	22 JUIN.	6 JUILLET.	25 JUILLET.
	gr.	gr.	gr.	gr.	gr.
Épis pleins	»	3,84	3,50	2,90	2,14
Partie supérieure des tiges	»	7,43	1,98	3,65	3,09
Premiers entre-nœuds.	»	7,45	2,65	1,81	1,54
Deuxièmes entre-nœuds.	»	4,46	1,87	1,52	1,07
Troisièmes entre-nœuds.	6,03	2,32	1,88	1,16	0,87
Quatrièmes entre-nœuds.	5,31	1,72	1,80	1,67	0,75
Premières feuilles.	»	7,02	9,27	8,47	7,97
Deuxièmes feuilles.	»	8,51	9,67	9,86	8,90
Troisièmes feuilles.	12,50	8,08	10,65	9,80	11,27
Quatrièmes feuilles	15,99	10,13	11,45	10,75	12,18
Cinquièmes feuilles.	17,16	10,17	12,91	13,15	14,37
Premiers nœuds.	»	14,00	10,83	8,86	7,55
Deuxièmes nœuds.	»	11,59	8,93	7,45	3,97
Troisièmes nœuds.	10,23	10,10	3,38	4,10	2,79
Quatrièmes nœuds.	9,99	6,67	2,70	3,73	4,43
Cinquièmes nœuds.	8,52	4,36	4,59	3,33	3,14
Toutes les feuilles réunies.	»	8,60	10,00	9,49	9,72
Tous les entre-nœuds.	»	3,09	2,15	2,25	1,78
Tous les nœuds.	»	8,00	7,17	6,02	4,73
Récolte entière	12,37	6,89	5,50	4,71	3,94

Poids total de CHAUX par hectare.

DÉSIGNATION DES PARTIES.	11 MAI.	3 JUIN.	22 JUIN.	6 JUILLET.	25 JUILLET.
	kil.	kil.	kil.	kil.	kil.
Épis pleins	»	0,95	3,20	5,07	5,44
Partie supérieure des tiges.	»	0,16	1,26	2,69	1,72
Premiers entre-nœuds.	»	6,69	1,85	1,21	0,86
Deuxièmes entre-nœuds.	»	0,41	0,82	0,61	0,34
Troisièmes entre-nœuds.	0,36	0,69	0,67	0,40	0,25
Quatrièmes entre-nœuds.	0,43	0,49	0,21	0,46	0,08
Premières feuilles.	»	3,39	6,38	5,20	3,31
Deuxièmes feuilles.	»	3,99	5,67	4,74	3,24
Troisièmes feuilles	3,58	1,36*	4,25	2,88	2,92
Quatrièmes feuilles	3,99	3,83	2,62	1,86	2,10
Cinquièmes feuilles	2,61	2,56	0,62	0,44	0,63
Premiers nœuds.	»	0,35	0,69	0,70	0,54
Deuxièmes nœuds.	»	0,14	0,65	0,56	0,23
Troisièmes nœuds.	0,22	0,41	0,28	0,29	0,16
Quatrièmes nœuds.	0,30	0,39	0,19	0,23	0,23
Cinquièmes nœuds.	0,13	0,23	0,09	0,05	0,06
Toutes les feuilles réunies.	»	15,13	19,54	15,12	12,20
Tous les entre-nœuds.	»	2,44	4,81	5,07	3,25
Tous les nœuds.	»	1,52	1,90	1,83	1,22
Récolte entière	17,53	21,69	31,26	28,63	23,78

La proportion de chaux contenue dans un kilogramme de matière sèche diminue graduellement, dans chaque subdivision de la plante, nœuds ou entre-nœuds, à mesure qu'on approche de la maturité; cette diminution se manifeste encore pour une même époque, soit dans les entre-nœuds, soit dans les nœuds, en descendant du sommet vers la base de la plante. Mais, dans un cas comme dans l'autre, les feuilles font exception. Non-seulement on y trouve proportionnellement beaucoup plus de chaux que dans les autres parties, mais on voit encore les feuilles de même étage s'enrichir en chaux à mesure qu'on approche de la moisson, et les feuilles d'une même époque éprouver le même enrichissement quand on descend des feuilles supérieures aux feuilles inférieures.

Toutefois, malgré cet enrichissement, les feuilles, prises dans leur ensemble, ne fournissent pas un poids de chaux constamment croissant; ce poids paraît commencer à subir une diminution graduelle un mois avant la moisson. Cette apparente contradiction provient de la diminution du poids total des feuilles. Il résulte même de cette diminution de poids des feuilles, combinée avec le sens de leur enrichissement, que la richesse moyenne en chaux des feuilles, prises dans leur ensemble à chaque époque, reste à peu près constante pendant les six dernières semaines.

Les feuilles contiennent à elles seules, à toutes nos époques d'observation, plus de la moitié du poids total de chaux contenue dans la plante. Il se produit, pour la chaux, un fait analogue à ceux que nous avons déjà constatés pour l'azote et pour l'acide phosphorique: le poids total de la chaux contenue dans la récolte commence à diminuer graduellement un mois avant la moisson, et cette diminution se continue jusqu'à la fin.

Dans mes recherches de 1864, les feuilles supportent à elles seules presque toute la diminution, comme cela semble résulter des nombres ci-après :

	22 juin. kil.	25 juillet. kil.	Diminution. kil.
Chaux contenue dans les feuilles pour un hectare.	19,54	12,20	7,34
Chaux contenue dans la récolte entière.	31,26	23,7.	7,48

Du reste, nous n'attacherions pas à cette coïncidence une bien grande importance, si elle ne venait pas confirmer d'une manière générale ce commencement d'altération que doivent éprouver, pendant les dernières semaines, les parties les plus anciennement développées de la plante.

Proportion de POTASSE par kilogramme de matière sèche.

DÉSIGNATION DES PARTIES.	11 MAI.	3 JUIN.	22 JUIN.	6 JUILLET.	25 JUILLET.
	gr.	gr.	gr.	gr.	gr.
Épis pleins	»	17,72	2,45	5,73	5,43
Partie supérieure des tiges	»	19,87	9,83	4,03	2,45
Premiers entre-nœuds	»	10,90	3,37	2,41	2,22
Deuxièmes entre-nœuds	»	6,49	1,76	2,58	2,26
Troisièmes entre-nœuds	46,74	4,12	2,43	2,52	3,58
Quatrièmes entre-nœuds	16,00	1,75	2,99	3,01	1,94
Premières feuilles	»	9,10	6,09	5,83	0,50
Deuxièmes feuilles	»	6,22	4,34	2,34	1,12
Troisièmes feuilles	12,03	6,17	3,63	1,63	1,02
Quatrièmes feuilles	5,67	5,68	1,77	0,87	0,47
Cinquièmes feuilles	5,74	3,93	1,47	traces.	0,00
Premiers nœuds	»	30,50	27,17	32,87	25,73
Deuxièmes nœuds	»	23,06	20,56	23,42	20,77
Troisièmes nœuds	46,91	22,90	9,25	8,50	9,14
Quatrièmes nœuds	34,65	16,73	5,78	6,00	7,29
Cinquièmes nœuds	32,13	4,97	1,30	5,37	4,77
Toutes les feuilles réunies	»	6,51	4,43	3,35	0,77
Tous les entre-nœuds	»	4,77	4,72	3,01	2,49
Tous les nœuds	»	17,00	14,37	17,95	15,64
Récolte entière	15,55	7,44	4,41	4,59	3,73

Poids total de POTASSE par hectare.

DÉSIGNATION DES PARTIES.	11 MAI.	3 JUIN.	22 JUIN.	6 JUILLET.	25 JUILLET.
	kil.	kil.	kil.	kil.	kil.
Épis pleins	»	4,43	2,25	10,00	13,79
Partie supérieure des tiges.	»	0,43	6,24	2,97	1,37
Premiers entre-nœuds.	»	1,01	2,34	1,62	1,24
Deuxièmes entre-nœuds.	»	0,60	0,77	1,04	0,71
Troisièmes entre-nœuds.	2,81	1,23	0,87	0,87	1,02
Quatrièmes entre-nœuds.	1,23	0,50	0,34	0,29	0,21
Premières feuilles.	»	4,40	4,19	3,58	0,21
Deuxièmes feuilles.	»	2,91	2,55	1,13	0,41
Troisièmes feuilles.	3,44	1,03*	1,45	0,48	0,26
Quatrièmes feuilles	1,42	2,15	0,41	0,15	0,08
Cinquièmes feuilles.	0,87	0,99	0,07	traces.	0,00
Premiers nœuds.	»	0,76	1,72	2,61	1,83
Deuxièmes nœuds.	»	0,28	1,50	1,77	1,23
Troisièmes nœuds.	1,03	0,94	0,75	0,60	0,51
Quatrièmes nœuds.	1,05	0,99	0,41	0,38	0,39
Cinquièmes nœuds.	0,48	0,26	0,03	0,08	0,09
Toutes les feuilles réunies.	»	11,48	8,67	5,34	0,96
Tous les entre-nœuds.	»	3,77	10,56	6,79	4,55
Tous les nœuds.	»	3,23	4,41	5,44	4,05
Récolte entière	22,19	23,40	27,05	27,90	23,53

En laissant les épis à part, le premier des deux tableaux qui précèdent nous montre que, dans toutes les parties homologues de la tige, sans exception, la proportion de potasse va constamment en diminuant jusqu'à l'époque de la maturité ; que, dans toutes les subdivisions de même nature (nœuds, feuilles ou entre-nœuds), la proportion de potasse diminue, à chaque époque d'observation, quand on passe de la partie supérieure de la plante à la partie inférieure ; enfin, que dans chaque mérithalle le nœud est beaucoup plus riche en potasse que la feuille ou que l'entre-nœud qui le surmonte. *Cette proportion de potasse, dans les nœuds, peut s'élever, avant l'épiage, jusqu'à 47 millièmes* (presque 5 p. 100) *du poids de la matière sèche ;* elle s'élève encore, à l'époque de la maturité, à près de 26 millièmes dans les nœuds supérieurs.

Si, l'on considère dans leur ensemble, d'une part toutes les feuilles, d'une autre part tous les nœuds, et enfin séparément tous les entre-nœuds, on reconnaît : 1° que la richesse *moyenne* des nœuds en potasse n'éprouve que des variations insignifiantes quand on passe d'une époque d'observations à une autre, au moins à partir de six semaines avant la maturité ; 2° que, dans les entre-nœuds, la proportion moyenne de potasse contenue dans chaque kilogramme de matière sèche diminue progressivement, et que, pendant les six dernières semaines, cette richesse en potasse éprouve une diminution d'environ 45 p. 100 ; 3° enfin que, dans les feuilles, cette diminution, beaucoup plus considérable encore, atteint 88 p. 100. Nous ajouterons même qu'à l'approche de la moisson les feuilles inférieures ne contiennent plus que des traces insignifiantes de potasse.

A l'époque de la moisson, les divers entre-nœuds ne présentent entre eux que des différences très-minimes dans leur dosage en potasse.

Si de la proportion de potasse par kilogramme nous passons au poids total de cette substance fournie par un hectare, soit dans la récolte entière, soit dans telle ou telle subdivision, le deuxième tableau (p. 86) nous montre qu'en général le poids total de potasse contenu dans les épis pleins croît d'une manière continue jusqu'à l'époque de la moisson.

Dans l'ensemble des feuilles il se manifeste une diminution extrêmement considérable et rapide qui, pendant les six dernières semaines, atteint, dans les observations de 1864, le chiffre énorme de 92 p. 100.

Dans l'ensemble des nœuds, au contraire, et dans les entre-nœuds, le poids total de la potasse ne subit, pendant les six dernières semaines, que des variations peu importantes.

A l'époque de la moisson, les nœuds contiennent, à eux seuls, quatre fois plus de potasse que les feuilles ; et comme le poids de ces dernières est quintuple, il s'ensuit *qu'en moyenne les nœuds du blé, à l'époque de la maturité, sont vingt fois plus riches en potasse que les feuilles à poids égal.*

On trouve alors dans les nœuds presque autant de potasse que dans les entre-nœuds, bien que le poids de ces derniers, dans la récolte, soit sept fois plus considérable que le poids des nœuds : d'où cette conséquence qu'*au moment de la moisson les nœuds du blé sont sept fois plus riches en potasse que les entre-nœuds, à poids égal.*

Nous voyons encore ici, comme pour l'azote, comme pour l'acide phosphorique et pour la chaux, le poids total de la potasse contenue dans la récolte entière subir une diminution notable pendant les dernières semaines. Aussi bien dans les expériences de 1864 que dans celles de 1862, nous voyons que l'accroissement du poids de la potasse des épis pleins ne suffit pas pour expliquer la perte subie dans le même laps de temps par l'ensemble des différentes parties de la tige, et que l'appauvrissement beaucoup plus rapide des feuilles conduit à penser que c'est par elles que doit avoir lieu la majeure partie, si ce n'est la totalité, du déficit de potasse constaté dans la récolte entière à l'époque de la moisson.

Les expériences de 1862, prises dans leur ensemble, confirment encore les résultats généraux de celles de 1864 ; et les recherches que j'avais faites antérieurement sur la répartition des éléments constitutifs du Colza dans les différentes parties de la plante, m'avaient également conduit à reconnaître que la proportion et le poids total des alcalis (potasse et soude) vont en diminuant dans toutes les parties de la tige à mesure que la plante approche de la maturité, tandis qu'on observe l'inverse dans la partie supérieure qui comprend les siliques pleines, où ces alcalis vont en s'accumulant.

Proportion de SOUDE par kilogramme de matière sèche.

DÉSIGNATION DES PARTIES.	11 MAI.	3 JUIN.	22 JUIN.	6 JUILLET.	25 JUILLET.
	gr.	gr.	gr.	gr.	gr.
Épis pleins	»	1,55	0,51	0,81	0,35
Partie supérieure des tiges	»	4,42	1,06	0,80	1,42
Premiers entre-nœuds.	»	4,15	3,29	2,56	2,65
Deuxièmes entre-nœuds.	»	5,08	5,94	6,59	5,06
Troisièmes entre-nœuds.	5,79	2,87	7,46	9,02	8,76
Quatrièmes entre-nœuds.	13,81	6,97	6,96	10,39	15,32
Premières feuilles.	»	3,37	2,70	4,96	2,26
Deuxièmes feuilles.	»	5,44	6,17	2,25	2,81
Troisièmes feuilles.	11,54	6,85	7,88	5,45	2,32
Quatrièmes feuilles	11,20	10,29	7,42	3,26	2,93
Cinquièmes feuilles.	13,22	9,01	8,08	4,46	3,12
Premiers nœuds.	»	5,21	5,25	5,01	8,87
Deuxièmes nœuds.	»	1,84	8,48	10,34	6,70
Troisièmes nœuds.	0,01	2,66	11,34	10,85	11,23
Quatrièmes nœuds.	1,47	8,90	9,31	12,61	11,61
Cinquièmes nœuds.	1,37	10,96	11,14	7,98	10,61
Toutes les feuilles réunies.	»	6,57	5,50	4,03	2,41
Tous les entre-nœuds.	»	4,79	4,02	4,04	4,89
Tous les nœuds.	»	7,21	8,93	9,47	9,57
Récolte entière	9,74	5,73	4,31	3,39	2,44

Poids total de SOUDE par hectare.

DÉSIGNATION DES PARTIES.	11 MAI.	3 JUIN.	22 JUIN.	6 JUILLET.	25 JUILLET.
	kil.	kil.	kil	kil.	kil.
Épis pleins	»	0,39	0,47	1,42	0,89
Partie supérieure des tiges.	»	0,09	0,67	0,59	0,79
Premiers entre-nœuds.	»	0,39	2,29	1,72	1,48
Deuxièmes entre-nœuds.	»	0,47	2,59	2,64	1,59
Troisièmes entre-nœuds.	0,35	0,85	2,66	3,13	2,50
Quatrièmes entre-nœuds.	1,11	1,99	0,79	1,02	1,64
Premières feuilles.	»	1,63	1,86	3,04	0,94
Deuxièmes feuilles.	»	2,55	3,62	1,08	0,84
Troisièmes feuilles	3,30	1,15	3,15	1,60	0,60
Quatrièmes feuilles	2,80	3,89	1,74	0,56	0,51
Cinquièmes feuilles	2,01	2,27	0,39	0,15	0,14
Premiers nœuds.	»	0,13	0,33	0,40	0,63
Deuxièmes nœuds.	»	0,02	0,62	0,78	0,39
Troisièmes nœuds.	traces.	0,11	0,92	0,77	0,62
Quatrièmes nœuds.	0,04	0,53	0,66	0,79	0,62
Cinquièmes nœuds.	0,02	0,58	0,22	0,14	0,21
Toutes les feuilles réunies.	»	11,49	10,76	6,43	3,03
Tous les entre-nœuds.	»	3,79	9,00	9,10	8,00
Tous les nœuds.	»	1,37	2,75	2,88	2,47
Récolte entière	13,81	18,01	24,49	20,61	14,81

Le tableau de la page 89 nous montre que c'est dans l'épi que se trouve la proportion de soude la plus faible.

Dans les entre-nœuds, on se trouve conduit à faire une distinction : les deux premiers s'appauvrissent en approchant de la maturité ; le troisième n'éprouve que des variations insignifiantes dans sa richesse, et dans les deux derniers la proportion de soude augmente à mesure qu'on approche de la moisson. Dans les observations faites pendant les cinq dernières semaines, on voit les entre-nœuds devenir d'autant plus riches en soude qu'on les prend plus près du pied de la plante.

On peut faire sur les nœuds des observations analogues, mais les différences sont un peu moins prononcées.

Cet enrichissement des nœuds et des entre-nœuds, en descendant du sommet au pied de la plante, semble indiquer une sorte d'appel de la soude vers le pied du végétal, alors que l'azote et l'acide phosphorique sont appelés vers le sommet.

Dans les feuilles de même étage, la proportion de soude va en diminuant à mesure qu'on approche de la maturité ; elles sont généralement, comme les entre-nœuds, d'autant plus riches en soude qu'on les prend plus près du collet de la plante ; cependant, la différence tend à s'effacer dans les diverses feuilles prises sur la plante mûre.

Ajoutons encore que les nœuds sont généralement les parties de la plante les plus riches en soude, surtout les nœuds inférieurs, tandis que, pour la potasse, ce sont, au contraire, les nœuds supérieurs les plus riches.

Si nous considérons maintenant dans leur ensemble toutes les feuilles, nous y voyons diminuer la proportion moyenne de soude, à mesure qu'on les considère à une époque plus avancée ; il se manifeste, au contraire, dans les nœuds, un enrichissement sensible dans les mêmes circonstances, et la proportion moyenne de soude contenue dans les entre-nœuds n'éprouve que des oscillations peu importantes pendant les sept dernières semaines.

Le tableau de la page 90 nous montre que, dans les nœuds pris dans leur ensemble, le poids total de la soude ne subit que de légères variations pendant les cinq dernières semaines, et qu'il en est de même pour les entre-nœuds. L'ensemble de toutes les feuilles de la récolte éprouve, au contraire, une diminution considérable qui s'élève à plus de 65 p. 100 du poids de la soude qu'elles contiennent six semaines avant la moisson.

Considérée dans son ensemble, la récolte entière a perdu, pendant ces dernières semaines, environ 40 p. 100 de ce qu'elle contenait de soude, et les observations de 1862 conduisent à une conséquence tout-à-fait analogue. La majeure partie de cette perte totale est imputable aux feuilles, et nous ne pouvons que renvoyer aux considérations présentées page 74, à propos de l'azote, au sujet des pertes de cette nature.

Rapport de la potasse à la soude dans un poids déterminé de matière.

DÉSIGNATION DES PARTIES.	11 MAI.	3 JUIN.	22 JUIN.	6 JUILLET.	25 JUILLET.
Partie supérieure des tiges.	»	4,49	9,27	5,04	1,73
Premiers entre-nœuds.	»	2,63	1,02	0,94	0,84
Deuxièmes entre-nœuds.	»	1,28	0,30	0,39	0,45
Troisièmes entre-nœuds.	8,07	1,44	0,33	0,28	0,41
Quatrièmes entre-nœuds.	1,10	0,25	0,43	0,29	0,13
Premières feuilles.	»	2,70	2,26	1,19	0,23
Deuxièmes feuilles	»	1,14	1,70	1,04	0,48
Troisièmes feuilles	1,13	0,90	0,46	0,30	0,44
Quatrièmes feuilles	0,51	0,55	0,24	0,27	0,16
Cinquièmes feuilles.	0,43	0,43	0,18	0,00	0,00
Premiers nœuds.	»	5,85	5,18	6,56	2,90
Deuxièmes nœuds.	»	17,21	2,42	2,27	3,10
Troisièmes nœuds.	46,91	8,61	0,81	0,79	0,81
Quatrièmes nœuds.	23,82	1,88	0,62	0,48	0,63
Cinquièmes nœuds	23,46	0,45	0,11	0,59	0,45
Plante entière.	1,60	1,30	1,10	1,35	1,59

De quelque manière que l'on compare les résultats numériques qui, dans le tableau précédent, expriment le rapport de la potasse à la soude, c'est-à-dire le quotient de la division du nombre exprimant la proportion de potasse par celui qui exprime la proportion de soude, on reconnaît que ce rapport subit d'assez grandes variations d'une partie de la plante à une autre, d'une époque à la suivante, d'un *étage* quelconque à l'étage supérieur ou inférieur.

Ces variations, considérées en elles-mêmes et isolément, ne constitueraient pas un fait d'une grande importance ; mais si elles se font avec une certaine régularité, dans un sens nettement défini, leur étude peut offrir un réel intérêt, au point de vue de la physiologie végétale d'abord, et ensuite au point de vue agronomique, en indiquant certaines préférences de la plante pour un aliment de nature déterminée.

En général, et sauf d'insignifiantes exceptions, *dans toutes les parties de la tige et dans toutes leurs subdivisions, le rapport de la potasse à la soude décroît à mesure qu'on approche de la maturité.* En comparant, *à une même époque d'observations, les subdivisions de même nature* (1re, 2e, 3e, 4e, 5e feuilles, ou 1er, 2e, 3e, etc., entre-nœuds.....), on y voit également le *rapport de la potasse à la soude aller en diminuant, en descendant du sommet vers la base.*

Mais c'est dans les nœuds, surtout dans les nœuds moyens, que cette diminution est rapide et considérable, en considérant les nœuds d'un même étage ; dans les troisièmes nœuds, par exemple, le rapport descend de 47 à 0,8, ou de 58 à 1 ; dans les quatrièmes nœuds, de 24 à 0,6 ou de 40 à 1 ; dans les cinquièmes nœuds, de 23,5 à 0,45 ou de 52 à 1. Mais, dans ces exemples spéciaux, la diminution arrive à peu près à son terme un mois avant la maturité, tandis quand comparant les subdivisions de même nature appartenant à une même époque, la diminution se manifeste à toutes les époques d'observation, quand on passe des subdivisions de la partie supérieure de la tige aux subdivisions de la partie inférieure.

Cette diminution, si bien caractérisée, du rapport de la potasse, en descendant du haut en bas de la tige, pourrait tenir à plusieurs causes:

Ou bien, la proportion de potasse restant la même, la proportion de soude va en augmentant;

Ou bien, la proportion de soude restant constante, la proportion de potasse diminue progressivement ;

Ou bien enfin la proportion de potasse diminue et la proportion de soude augmente en même temps ; c'est ce qui arrive généralement.

Il semble donc résulter de là : que la potasse doit jouer, dans les parties supérieures de la tige, c'est-à-dire dans celles où la vie végétale fonctionne avec le plus d'activité, un rôle plus important que celui de la soude (1) ; que si la soude ou ses composés exercent une certaine influence pendant la vie de la plante, pendant une période quelconque de son développement, cette influence doit aller en s'amoindrissant, puisque nous voyons la soude se concentrer de préférence dans les parties les moins actives, dans celles où paraissent s'accumuler, en quelque sorte mécaniquement, les principes qui ne peuvent plus guère intervenir utilement dans le développement du végétal ou dans les phénomènes de transformations organiques qui s'y accomplissent encore.

Dans la plante entière, ce rapport ne subit qu'une diminution insignifiante ; mais, dans les feuilles basses, il tend à devenir égal à zéro par suite de la disparition de la potasse.

En présence de ces faits, je ne sais s'il est bien permis de dire que la soude peut remplacer la potasse dans les plantes, du moins dans celle dont l'étude nous occupe. Si nous ajoutons qu'il est depuis longtemps établi que les cendres des graines du blé, riches en potasse, ne contiennent généralement que des traces de composés sodiques, il me semble permis de douter de l'efficacité réelle et constante du sel employé comme engrais, et de comprendre comment on s'est trouvé conduit, dans ces derniers temps, à tenir compte de la présence de la potasse dans les matières fertilisantes.

---

(1) Il est bien entendu, une fois pour toutes, que je ne prétends pas dire ici à quel état et sous quelles formes se trouvent les composés de potassium et de sodium.

Proportion de SILICE par kilogramme de matière sèche.

DÉSIGNATION DES PARTIES.	11 MAI.	3 JUIN.	22 JUIN.	6 JUILLET.	25 JUILLET.
	gr.	gr.	gr.	gr.	gr.
Épis pleins	»	2,62	20,49	14,55	12,19
Partie supérieure des tiges.	»	2,60	8,40	7,62	12,62
Premiers entre-nœuds.	»	4,60	8,44	8,88	9,39
Deuxièmes entre-nœuds.	»	7,84	4,59	4,57	5,81
Troisièmes entre-nœuds.	3,25	3,16	5,04	3,91	5,68
Quatrièmes entre-nœuds	8,51	5,22	7,12	5,63	7,05
Premières feuilles.	»	19,07	33,01	33,44	41,59
Deuxièmes feuilles	»	24,58	33,42	25,72	33,04
Troisièmes feuilles.	18,52	26,13	36,93	35,04	42,19
Quatrièmes feuilles	27,09	30,39	54,22	47,54	51,61
Cinquièmes feuilles	60,33	53,62	60,86	53,05	75,72
Premiers nœuds.	»	6,32	9,53	5,44	7,55
Deuxièmes nœuds.	»	5,86	2,95	2,60	3,18
Troisièmes nœuds.	6,22	5,87	4,67	4,56	4,35
Quatrièmes nœuds.	17,96	6,31	7,84	5,44	6,18
Cinquièmes nœuds.	32,29	9,96	9,56	8,58	16,01
Moyenne des feuilles.	»	28,63	37,17	33,35	40,18
Moyenne des entre-nœuds.	»	4,61	7,07	6,80	9,04
Moyenne des nœuds.	»	7,00	6,17	4,67	6,21
Récolte entière	24,92	21,38	22,49	17,11	18,01

Poids total de SILICE par hectare.

DÉSIGNATION DES PARTIES.	11 MAI.	3 JUIN.	22 JUIN.	6 JUILLET.	25 JUILLET.
	kil.	kil.	kil.	kil.	kil.
Épis pleins	»	0,65	18,79	25,39	30,96
Partie supérieure des tiges.	»	0,06	5,33	5,61	7,03
Premiers entre-nœuds.	»	0,43	5,88	5,96	5,24
Deuxièmes entre-nœuds.	»	0,73	2,00	1,84	1,83
Troisièmes entre-nœuds.	0,20	0,94	1,80	1,36	1,62
Quatrièmes entre-nœuds.	0,69	1,49	0,81	0,55	0,75
Premières feuilles.	»	9,21	22,70	20,52	17,27
Deuxièmes feuilles.	»	11,51	19,58	12,36	10,03
Troisièmes feuilles.	5,30	4,38*	14,75	10,30	10,92
Quatrièmes feuilles	6,77	11,49	12,74	8,21	8,90
Cinquièmes feuilles.	9,19	13,49	2,93	1,76	3,30
Premiers nœuds.	»	0,16	0,60	0,43	0,54
Deuxièmes nœuds.	»	0,07	0,21	0,20	0,19
Troisièmes nœuds.	0,14	0,24	0,38	0,32	0,24
Quatrièmes nœuds.	0,54	0,37	0,52	0,34	0,33
Cinquièmes nœuds.	0,48	0,53	0,19	0,13	0,31
Toutes les feuilles réunies.	»	50,08	72,70	53,15	50,42
Tous les entre-nœuds.	»	3,65	15,82	15,32	16,47
Tous les nœuds.	»	1,37	1,90	1,42	1,61
Récolte entière	35,32	67,25	127,83	103,95	108,80

En général, dans les subdivisions de même nature appartenant à des mérithalles de même ordre (premières feuilles, deuxièmes entre-nœuds, etc.) la proportion de silice va en augmentant à mesure qu'on approche de la maturité.

En général aussi, mais surtout dans les feuilles, la proportion de silice augmente, dans les subdivisions de même nature, en allant du sommet de la plante vers la base. C'est ainsi que, le 11 mai, les troisièmes feuilles contiennent 18 millièmes de leur poids de silice, et les cinquièmes feuilles plus de 60 millièmes; que, le 25 juillet, les premières feuilles contiennent 41 millièmes de leur poids de silice, les quatrièmes feuilles 51 millièmes, et les cinquièmes plus de 75 millièmes de leur poids, etc.

Cependant on observe, dans presque toutes les séries de subdivisions d'une même époque (nœuds, feuilles ou entre-nœuds), que celles de second et quelquefois même de troisième rang présentent un *minimum* de silice; ce minimum, dont j'ai constaté l'existence dans toutes les séries d'observations pour les nœuds et entre-nœuds, et dans les deux dernières seulement pour les feuilles, me paraît assez difficile à expliquer; mais j'ai dû le signaler à l'attention des chimistes et des physiologistes.

En classant les différentes parties dans l'ordre *décroissant* de leur richesse en silice, on trouve, malgré les variations précédemment signalées, que, plus d'un mois avant la moisson, elles commencent à se classer dans un ordre invariable qu'elles conservent jusqu'à la fin, et qui est le suivant :

21 juin 1864.	6 juillet.	25 juillet.
Feuilles.	Feuilles.	Feuilles.
Épis entiers.	Épis entiers.	Épis entiers.
Entre-nœuds.	Entre-nœuds.	Entre-nœuds.
Nœuds.	Nœuds.	Nœuds.

Les expériences de 1862 m'avaient conduit à des résultats analogues, avec cette seule différence que les nœuds et les entre-nœuds avaient été réunis ensemble.

A l'époque de la maturité, les feuilles peuvent contenir jusqu'à 7 1/2

p. 100 de leur poids de silice, lorsqu'elles sont entièrement privées d'eau. Les entre-nœuds contiennent en moyenne, à poids égal, 4 à 5 fois moins ; les nœuds 7 à 8 fois moins de silice que les feuilles.

Dans ces dernières, le *limbe* en contient à peu près la même proportion que la gaîne.

Enfin, dans la plante entière, la proportion de silice tend à diminuer dès avant l'épiage, pour rester ensuite à peu près stationnaire pendant les dernières semaines.

Le *poids total* de la silice paraît atteindre son maximum, dans la récolte entière, au moins un mois avant la moisson ; puis, après une diminution sensible, il reste à peu près stationnaire pendant la dernière quinzaine. Les expériences de 1862 m'avaient conduit à une conclusion semblable sur ce point.

On observe également, dans le poids total de silice de l'ensemble des feuilles, plus d'un mois avant la maturité, un maximum suivi d'une diminution qui se continue jusqu'à la maturité.

Dans l'ensemble des nœuds et dans l'ensemble des entre-nœuds, les variations du poids total de la silice deviennent ou nulles ou insignifiantes pendant le dernier mois.

Dans les épis, le *poids total* de la silice éprouve, jusqu'à la moisson, un accroissement progressif continu assez rapide, bien que la proportion de cette même substance contenue dans un poids déterminé aille, au contraire, en diminuant. En étudiant de plus près les différentes parties de l'épi, nous nous rendrons bientôt compte de cette apparente contradiction, en même temps que nous verrons dans quelle partie s'accumule plus spécialement cette silice.

A l'époque de la maturité, la répartition de la silice, entre les différentes parties de la récolte, a eu lieu de la manière suivante, sur 1000 parties de silice en poids :

	Expériences de 1864.		Expériences de 1862.
Épis	285	. . . .	256
Entre-nœuds.	151	Tiges nues. . .	234
Nœuds.	14		
Feuilles	463	. . . .	510
Tiges atrophiées	87		
	1000		1000

Pendant le dernier mois, le poids total de silice diminue pour chaque époque d'observation, quand on passe d'un entre-nœud à un autre placé au-dessous de lui, et la même remarque est applicable aux feuilles ; on pourrait exprimer ce fait d'une manière plus générale, en disant que le poids de silice contenu dans les divers mérithalles diminue, quand on passe de l'un de ces mérithalles à celui qui lui est immédiatement inférieur. C'est ainsi que, par hectare, on trouve :

kil.

Dans le premier mérithalle supérieur.	24,84 de silice.
Dans le deuxième.	15,46
Dans le troisième	12,49
Dans le quatrième.	10,24

Il importe bien de distinguer, dans cette discussion, pour ne pas se trouver en présence d'apparentes contradictions, le *poids* de silice contenu dans un même poids de telle ou telle partie de la plante, et le *poids total* de silice contenue dans cette même partie considérée dans son entier.

On a l'habitude de faire jouer à la silice un rôle si important dans la rigidité de la tige, qu'on me permettra d'ajouter encore quelques mots sur cette substance qui, malgré son insolubilité ordinaire, entre quelquefois pour les trois quarts dans le poids des cendres de certaines parties de la plante. On s'est demandé bien souvent à quel état cette silice circule dans les organes du végétal qui nous occupe. La réponse à cette question nécessiterait des recherches spéciales, dont nous allons essayer de donner une grossière esquisse.

Il résulte de mes recherches, qu'au moment où la végétation est le plus active, les *nœuds* sont très-riches en potasse (page 85); c'est aussi le moment de leur plus grande richesse en silice (page 95). Enfin la potasse et la silice, qu'on trouvera plus tard en abondance dans l'épi et dans la partie supérieure de la tige, doivent nécessairement passer par ces *relais* naturels de la plante. N'est-on pas fondé alors, dans une certaine mesure, à admettre que c'est à l'état de silicate que la silice a dû traverser les nœuds, et principalement à l'état de silicate de potasse ? Dans quelles parties de la plante la silice vient-elle ensuite

s'accumuler de préférence? Dans les feuilles, dans les enveloppes du
grain et dans la partie supérieure de la tige, c'est-à-dire dans les parties
qui sont le plus directement exposées aux influences atmosphériques. Or, on sait que les silicates solubles, exposés à l'air, en
absorbent peu à peu l'acide carbonique ; leurs bases se transforment
en carbonates, et la silice se sépare à [l'état gélatineux d'abord,
puis elle se dessèche ensuite. C'est précisément ce qui doit arriver dans
les feuilles et dans les autres parties de la plante exposées à l'air,
comme les enveloppes du grain et la partie supérieure des tiges.

Si cette accumulation devient plus considérable dans les parties dé-
couvertes que dans les autres, c'est qu'une transpiration plus abondante
y fait un appel plus énergique de principes solubles et en particulier
de substances minérales, et que cet appel, dans certaines parties plus
anciennement développées, dans les feuilles basses, par exemple,
est moins contre-balancé par la force vitale qui va bientôt s'y éteindre.

Ce qui semble venir à l'appui de cette explication, c'est que les
parties les plus siliceuses de la plante sont précisément celles qui,
comme les feuilles et les balles, présentent le plus de prise à l'action
de l'air, à raison de leur faible épaisseur, ou qui, comme la partie
supérieure de la tige, sont plus à découvert et plus aérées. Quand ces
mêmes parties sont encore enveloppées dans les feuilles et protégées
contre cette action directe de l'air, elles sont beaucoup moins siliceuses
(observ. du 3 juin) ; nous voyons le même fait se reproduire, le 11 mai,
sur les feuilles internes non encore déroulées (3ᵉ feuilles).

L'épiderme, surtout dans les parties qui sont directement en contact
avec l'air, est toujours très-riche en silice.

Cette fixation extérieure de la silice par décomposition aurait encore
pour effet, en rendant libre la potasse, de permettre à celle-ci de con-
tracter de nouvelles combinaisons solubles, et par conséquent facilement
transportables où le besoin organique s'en fait sentir.

Nous allons trouver bientôt une nouvelle confirmation de ces vues
générales, en étudiant les balles qui enveloppent les graines dans l'épi
du froment.

CHAPITRE VIII.

ÉTUDE SPÉCIALE DES ÉPIS.

Puisque l'observation circonstanciée des faits nous apprend, qu'à partir du moment où l'épi sort de la gaîne protectrice de la dernière feuille supérieure pour entrer en fleur, c'est particulièrement vers lui que convergent les éléments constitutifs les plus importants de la plante, il était tout naturel d'en faire une étude spéciale plus détaillée, en rapprochant le plus possible les époques d'observations, à raison de la rapidité avec laquelle s'accomplit alors le développement du grain.

Dans mes études de 1864, j'ai répété les prises d'échantillons tous les cinq jours pendant les trois dernières semaines, les 6, 11, 15, 20 et 25 juillet, en effectuant la première au moment où la floraison venait de se terminer, et la dernière le jour même de la moisson du champ d'essai.

La subdivision la plus naturelle, et en même temps la plus facile, d'un épi chargé de grains est la suivante :

1° Les *graines ;*

2° Les enveloppes de ces graines, connues vulgairement sous les noms de *balles*, de *courte paille* ou de *menue paille ;*

3° Enfin le *rachis*, axe central sur lequel sont implantés les *épillets* contenant les graines dans leurs enveloppes.

Il faut s'être livré sérieusement soi-même à un triage de ce genre pour se faire une idée de la difficulté qu'on éprouve, dans les deux premières séries, pour séparer *complètement* les graines, qui s'écrasent alors sous la moindre pression des doigts.

Les résultats constatés peuvent être ainsi résumés :

Nombre et poids total des épis pour 2 centiares.

	Nombre des épis.	Poids à l'état vert.	Poids à l'état sec.
		gr.	gr.
6 juillet 1864.	682	 928,4	 307,42
11 id.	700	 979,8	 399,50
15 id.	644	 902,6	 412,58
20 id.	657	 890,0	 470,66
25 id.	674	 877,4	 547,12

En rapportant ces résultats à l'hectare, on trouve :

	Nombre d'épis.	Poids à l'état vert.	Poids à l'état sec.
		kil.	kil.
6 juillet	3 410 000	 4642	 1537
11 id.	3 500 000	 4899	 1997
15 id.	3 220 000	 4543	 2063
20 id.	3 285 000	 4450	 2353
25 id.	3 370 000	 4387	 2736

Pesées séparément, les trois parties constitutives de l'épi ont donné, pour 2 centiares.

	RACHIS		BALLES		GRAINES	
	verts.	secs.	vertes.	sèches.	vertes.	sèches.
	gr.	gr.	gr.	gr.	gr.	gr.
6 juillet	79,0	36,30	390,6	119,98	458,8	151,14
11 id.	63,4	37,82	301,4	120,58	615,0	241,10
15 id.	61,6	33,34	167,2	99,84	674,8	279,40
20 id.	61,2	33,20	145,6	97,20	683,2	340,26
25 id.	46,6	28,52	158,8	104,52	672,0	414,08

Rapportés à l'hectare, ces résultats se trouvent ainsi représentés :

	RACHIS		BALLES		GRAINES	
	verts.	secs.	vertes.	sèches.	vertes.	sèches.
	kil.	kil.	kil.	kil.	kil.	kil.
6 juillet	395	181,5	1953	599,9	2294	755,7
11 id.	317	189,1	1507	602,9	3075	1205,5
15 id.	308	166,7	836	499,2	3374	1397,»
20 id.	306	166,0	728	486,0	3416	1701,3
25 id.	233	142,6	794	522,6	3360	2070,4

La comparaison sommaire des nombres qui précèdent montre déjà que la proportion de matière *sèche* contenue dans un kilogramme de matière verte et brute prise à l'état naturel subit, dans chacune des trois parties de l'épi, des variations assez considérables pendant la durée de cette période de dix-neuf jours; mais, pour mieux faire ressortir ces variations, je les résume dans le tableau ci-après :

Proportion de matière sèche par kilogramme de matière verte.

	Dans les rachis.	Dans les balles.	Dans les graines.	Dans les épis entiers.
	gr.	gr.	gr.	gr.
6 juillet	459,4	307,»	329,5	331,1
11 id.	596,6	399,6	392,1	407,7
15 id.	541,1	597,1	414.0	457,1
20 id.	542,4	667,6	498,0	528,8
25 id.	612,2	658,2	616,2	623,6

Il résulte, de la comparaison de ces nombres, que la proportion de matière sèche que renferme un poids déterminé de graines, 1 kilogramme, par exemple, peut doubler pendant les dix-neuf derniers jours de végétation (de 331 à 624), et qu'au moment de la récolte, faite dans de bonnes conditions moyennes de maturité, le blé peut contenir encore, dans nos départements du nord-ouest, 34 p. 100 d'humidité, c'est-à-dire au moins le double de ce qu'on en trouve dans le blé livrable sur nos marchés.

Nous y voyons également que la proportion d'humidité n'est pas la même, à une même époque, dans les différentes parties dont se compose l'épi; il résulte de ces différences que l'aliquote pour laquelle chacune de ces parties figure dans l'ensemble doit varier, suivant que l'on considère l'épi à l'état frais ou lorsqu'il est complètement privé d'humidité; c'est ce qui ressort avec évidence des nombres ci-après :

Aliquote par kilogramme d'épis entiers.

	A L'ÉTAT FRAIS :			A L'ÉTAT SEC.		
	Rachis.	Balles.	Graines.	Rachis.	Balles.	Graines.
	gr.	gr.	gr.	gr.	gr.	gr.
6 juillet	85	421	494	118	387	495
11 id.	65	308	627	95	302	603
15 id.	68	185	747	81	252	667
20 id.	69	164	767	71	206	723
25 id.	53	181	766	52	191	757

C'est-à-dire que l'aliquote de chacune des deux premières parties (rachis et balles) diminue progressivement d'environ 50 p. 100 soit à l'état vert, soit à l'état sec, depuis l'époque de la première observation jusqu'à celle de la dernière; tandis que l'aliquote du grain subit, au contraire, une augmentation progressive d'environ 53 p. 100 pendant le même intervalle de temps.

Examinons maintenant, un peu plus en détail, les accroissements de poids de chacune des parties ; et, pour rendre les nombres plus exactement comparables, bornons-nous à les considérer à l'état de complète siccité.

Tandis que le poids total des épis éprouve une augmentation d'environ 78 p. 100 de son poids pendant les dix-neuf derniers jours d'existence de la plante sur pied, le poids total des rachis subit une diminution d'environ un cinquième ; le poids total des balles diminue aussi, mais d'une manière moins prononcée. Dans tous les cas, cette diminution de poids des balles et des rachis est bien loin de représenter l'augmentation considérable de poids du grain : elle n'en représente que la dixième partie. C'est donc à d'autres sources que le grain doit puiser, pendant cette période de son accroissement, la majeure partie des matériaux nécessaires à son développement.

J'ai constaté directement, aussi bien dans mes recherches de 1862 que dans celles de 1864, que la majeure partie de ces matériaux de nutrition est empruntée à la partie supérieure de la tige comprise entre l'épi et le premier nœud, ou plutôt, au premier mérithalle supérieur.

Cet accroissement de poids de l'épi, l'accroissement de poids du grain en particulier, est une des questions les plus importantes parmi celles qui se rapportent à la culture du blé. Cette importance justifiera suffisamment les détails que nous allons lui consacrer.

L'accroissement moyen de poids du grain, par 24 heures et par hectare, en supposant le grain complètement desséché, est, aux diverses époques de nos observations :

			kil.			kil.
Du 6 au 11 juillet,	accroissement total		449,8	. . . . . .	par jour	90
Du 11 au 15 id.		id.	191,5	. . . . .	id.	48
Du 15 au 20 id.		id.	304,3	. . . . .	id.	61
Du 20 au 25 id.		id.	369,1	. . . . .	id.	74

Accroissement moyen par 24 heures, du 6 au 25 juillet. . . 68

Il résulte de là deux conséquences fort importantes dans la pratique : la première, que l'accroissement de poids du grain d'une récolte de blé se continue jusqu'à l'époque ordinaire de la moisson ; la seconde, que cet accroissement, sans être tout-à-fait régulier, paraît encore très-considérable à l'époque de la moisson, puisqu'il atteint encore et dépasse même la moyenne.

Cet accroissement moyen du poids du grain par 24 heures, représenté ici par 68 kilogrammes de blé complètement privé d'humidité, correspond à 81 kilogrammes de blé marchand, c'est-à-dire à 1 *hectolitre.*

On comprend parfaitement, en présence d'un pareil résultat, comment et pourquoi la majorité des cultivateurs a fait, jusqu'ici, la sourde oreille aux conseils qui lui ont été donnés si souvent d'avancer de quelques jours la coupe des blés. Avancer de quelques jours la moisson, lorsqu'elle se fait d'ailleurs dans les conditions ordinaires de notre plaine de Caen, ce serait, d'après les résultats qui précèdent, courir la chance de retrancher du tas de blé quelques hectolitres de grain, en admettant qu'on ne perde pas plus par égrénage dans un cas que dans l'autre ; ce serait, en définitive, s'exposer à perdre ainsi autant de pièces de 20 francs de recette par hectare. On peut hésiter pour moins.

Je sais bien que les blés coupés un peu avant la maturité complète sont ordinairement mis en *moyettes,* et que là il se fait encore, dans la tige, un travail de transport sensible au profit de l'épi ; nous reviendrons un peu plus tard sur ce point spécial, en étudiant l'influence du *javelage ;* mais nous pouvons, dès maintenant, dire que ce phénomène de transport est beaucoup moins actif et moins considérable dans les moyettes que sur pied, et que, si le système des moyettes mérite d'être recommandé en même temps qu'une avance de quelques jours dans la coupe du froment, ce n'est pas en vue d'augmenter le rendement, mais principalement dans un but de conservation en cas de pluie.

Examinons maintenant plus en détail la composition chimique des diverses parties de l'épi, comme nous l'avons fait pour les différentes parties de la tige, en nous rappelant que le poids total de ces parties nous est déjà connu.

14

1. — Épis du 6 juillet 1864. GRAINES.

	Par kilog. de matière sèche. gr.		Par hectare. kil.
Matières organiques combustibles ou volatiles (déduction faite de l'azote).	956,13	. . . .	722,55
Azote en combinaison (moyenne de deux dosages). .	18,29	. . . .	13,82
Substances minérales (cendres)	25,58	. . . .	19,33
Totaux.	1000, »	. . . .	755,70

COMPOSITION DES CENDRES.

Silice	0,77	. . . .	0,58
Oxyde de fer	0,06	. . . .	0,05
Acide phosphorique	8,33	. . . .	6,29
Chaux.	8,37	. . . .	2,64
Magnésie.	3,37	. . . .	2,55
Potasse	6,65	. . . .	5,08
Soude.	0,25	. . . .	0,19
Substances diverses non dosées	2,78	. . . .	2,10

2. — Épis du 6 juillet. BALLES.

	Par kilog. de matière sèche. gr.		Par hectare. kil.
Matières organiques combustibles ou volatiles (déduction faite de l'azote).	913,56	. . . .	548,04
Azote en combinaison (moyenne de deux dosages). .	16,18	. . . .	9,71
Substances minérales (cendres).	70,26	. . . .	42,15
Totaux.	1000, »	. . . .	599,90

COMPOSITION DES CENDRES.

Silice	44,10	. . . .	26,45
Oxyde de fer	0,50	. . . .	0,30
Acide phosphorique	3,67	. . . .	2,20
Chaux.	4,38	. . . .	2,63
Magnésie.	1,54	. . . .	0,92
Potasse	6,98	. . . .	4,19
Soude.	0,85	. . . .	0,51
Substances diverses non dosées.	8,24	. . . .	4,95

3. — Épis du 6 juillet. RACHIS.

	Par kil. de matière sèche. gr.		Par hectare. kil.
Matières organiques combustibles ou volatiles (déduction faite de l'azote).	953,90	. . . .	173,13
Azote en combinaison (moyenne de deux dosages). .	14,52	. . . .	2,64
Substances minérales (cendres).	31,58	. . . .	5,73
Totaux.	1000, »	. . . .	181,50

COMPOSITION DES CENDRES.

Silice	13,14	. . . .	2,38
Oxyde de fer.	0,22	. . . .	0,04
Acide phosphorique	3,31	. . . .	0,60
Chaux.	2,21	. . . .	0,40
Magnésie. . . . . \	1,10	. . . .	0,20
Potasse	6,40	. . . .	1,16
Soude.	1,77	. . . .	0,32
Substances diverses non dosées.	3,43	. . . .	0,63

4. — Épis du 11 juillet 1864. GRAINES.

	Par kil. de matière sèche. gr.		Par hectare. kil.
Matières organiques combustibles ou volatiles (déduction faite de l'azote).	957,17	. . . .	1153,79
Azote en combinaison (moyenne de deux dosages). .	21,01	. . . .	25,33
Substances minérales (cendres).	21,82	. . . .	26,30
Totaux.	1000, »	. . . .	1205,42

COMPOSITION DES CENDRES.

Silice	0,56	. . . .	0,68
Oxyde de fer	0,09	. . . .	0,11
Acide phosphorique	7,88	. . . .	9,49
Chaux.	2,47	. . . .	2,98
Magnésie.	2,76	. . . .	3,32
Potasse	6,34	. . . .	7,65
Soude.	traces	. . . .	» »
Substances diverses non dosées	1,72	. . . .	2,07

2. — Épis du 11 juillet. BALLES.

	Par kilog. de matière sèche. gr.		Par hectare. kil.
Matières organiques combustibles ou volatiles (déduction faite de l'azote)	924,21	. . . .	557,21
Azote en combinaison (moyenne de deux dosages)	12,49	. . . .	7,53
Substances minérales (cendres)	63,30	. . . .	38,14
Totaux	1000, »	. . . .	602,88

COMPOSITION DES CENDRES.

Silice	43,10	. . . .	25,98
Oxyde de fer	1,02	. . . .	0,61
Acide phosphorique	2,94	. . . .	1,77
Chaux	4,22	. . . .	2,54
Magnésie	1,38	. . . .	0,83
Potasse	4,94	. . . .	2,98
Soude	1,30	. . . .	0,78
Substances diverses non dosées	4,40	. . . .	2,66

3. — Épis du 11 juillet. RACHIS.

	Par kilog. de matière sèche. gr.		Par hectare. kil.
Matières organiques combustibles ou volatiles (azote déduit)	955,83	. . . .	181,13
Azote en combinaison (moyenne de deux dosages)	8,98	. . . .	1,70
Substances minérales (cendres)	35,19	. . . .	6,67
Totaux	1000, »	. . . .	189,50

COMPOSITION DES CENDRES.

Silice	14,67	. . . .	2,78
Oxyde de fer	0,46	. . . .	0,09
Acide phosphorique	2,63	. . . .	0,50
Chaux	2,95	. . . .	0,56
Magnésie	1,10	. . . .	0,21
Potasse	8,16	. . . .	1,55
Soude	1,10	. . . .	0,21
Substances diverses non dosées	4,12	. . . .	0,77

1. — Blé du 15 juillet 1864. GRAINES.

	Par kil. de matière sèche. gr.	Par hectare. kil.
Matières organiques combustibles ou volatiles (déduction faite de l'azote). . . : . . . . : .	958,02	1338,36
Azote (moyenne de deux dosages):	21,21	29,63
Substances minérales (cendres). . : . . . . : .	20,77	29,01
Totaux. . : . . .	1000, »	1397, »

COMPOSITION DES CENDRES.

Silice.	0,75	1,07
Oxyde de fer.	0,30	0,43
Acide phosphorique	6,34	8,85
Chaux.	2,20	3,07
Magnésie.	2,47	3,44
Potasse	3,93	5,48
Soude.	0,65	0,91
Substances diverses (acide carbonique, charbon, etc.).	4,13	5,76

2. — Blé du 15 juillet. BALLES.

	Par kil. de matière sèche. gr.	Par hectare. kil.
Matières organiques combustibles ou volatiles (déduction faite de l'azote).	922,57	460,55
Azote en combinaison (moyenne de deux dosages). .	11,35	5,67
Substances minérales (cendres).	66,08	32,98
Totaux.	1000, »	499,20

COMPOSITION DES CENDRES.

Silice	42,04	20,99
Oxyde de fer.	1,20	0,60
Acide phosphorique.	2,48	1,24
Chaux.	6,37	3,18
Magnésie.	1,92	0,96
Potasse.	6,36	3,17
Soude.	1,17	0,58
Substances diverses	4,54	2,26

3. — Blé du 15 juillet. RACHIS.

	Par kilog. de matière sèche. gr.		Par hectare. kil
Matières organiques combustibles ou volatiles (déduction faite de l'azote).	955,39	. . . .	159,26
Azote (moyenne de deux dosages).	8,49	. . . .	1,42
Substances minérales (cendres)	36,12	. . . .	6,02
Totaux.	1000, »	. . . .	166,70

COMPOSITION DES CENDRES.

	Par kilog.		Par hectare
Silice.	14,59	. . . .	2,43
Oxyde de fer.	0,26	. . . .	0,04
Acide phosphorique.	2,38	. . . .	0,40
Chaux.	2,28	. . . .	0,38
Magnésie.	0,83	. . . .	0,14
Potasse.	7,41	. . . .	1,24
Soude.	2,46	. . . .	0,41
Substances diverses	5,91	. . . .	0,98

1. — Épis du 20 juillet 1864. GRAINES.

	Par kilog. de matière sèche. gr.		Par hectare. kil.
Matières organiques combustibles ou volatiles (déduction faite de l'azote).	957,36	. . . .	1628,75
Azote (moyenne de deux dosages).	22,90	. . . .	38,96
Substances minérales (cendres).	19,74	. . . .	33,59
Totaux.	1000, »	. . . .	1701,30

COMPOSITION DES CENDRES.

	Par kilog.		Par hectare
Silice.	0,32	. . . .	0,54
Oxyde de fer (un peu manganésifère).	0,21	. . . .	0,36
Acide phosphorique	5,62	. . . .	9,56
Chaux.	1,50	. . . .	2,54
Magnésie.	2,38	. . . .	4,06
Potasse.	4,39	. . . .	7,47
Soude.	0,39	. . . .	0,67
Substances diverses	4,93	. . . .	8,39

2. — Épis du 20 juillet. BALLES.

	Par kilog. de matière sèche. gr.		Par hectare. kil.
Matières organiques combustibles ou volatiles (déduction faite de l'azote).	925,40	. . . .	449,73
Azote en combinaison (moyenne de deux dosages). .	10,39	. . . .	5,05
Substances minérales (cendres)	64,21	. . . .	31,22
Totaux.	1000, »	. . . .	486, »

COMPOSITION DES CENDRES.

Silice.	48,63	. . . .	23,63
Oxyde de fer.	0,78	. . . .	0,38
Acide phosphorique.	2,02	. . . .	0,98
Chaux.	4,19	. . . .	2,04
Magnésie.	0,98	. . . .	0,48
Potasse	3,90	. . . .	1,90
Soude.	1,08	. . . .	0,53
Substances diverses	2,63	. . . .	1,28

3. — Épis du 20 juillet. RACHIS.

	Par kil. de mat. sèche. gr.		Par hectare. kil.
Matières organiques combustibles ou volatiles (déduction faite de l'azote).	954,90	. . . .	158,51
Azote (moyenne de deux dosages).	7,31	. . . .	1,21
Substances minérales (cendres).	37,79	. . . .	6,28
Totaux.	1000, »	. . . .	166, »

COMPOSITION DES CENDRES.

Silice	15,19	. . . .	2,52
Oxyde de fer	0,63	. . . .	0,10
Acide phosphorique	1,99	. . . .	0,33
Chaux	2,08	. . . .	0,36
Magnésie.	0,99	. . . .	0,16
Potasse.	8,96	. . . .	1,49
Soude.	2,75	. . . .	0,46
Substances diverses	5,20	. . . .	0,86

1. — Épis du 25 juillet 1864. GRAINES.

	Par kilog. de matière sèche. gr.	Par hectare. kil.
Matières organiques combustibles ou volatiles (déduction faite de l'azote)	957,65	1982,72
Azote (moyenne de deux dosages).	22,81	47,23
Substances minérales (cendres).	19,54	40,46
Totaux.	1000, »	2070,41

COMPOSITION DES CENDRES.

	gr.	kil.
Silice	0,59	1,22
Oxyde de fer	0,11	0,24
Acide phosphorique	4,77	9,88
Chaux.	1,74	3,61
Magnésie.	2,48	5,12
Potasse	5,38	11,13
Soude.	0,003	0,01
Substances diverses	4,47	9,25

2. — Épis du 25 juillet. BALLES.

	Par kil. de matière sèche. gr.	Par hectare. kil.
Matières organiques combustibles ou volatiles (déduction faite de l'azote).	923,30	482,52
Azote (moyenne de deux dosages).	8,81	4,60
Substances minérales (cendres).	67,89	35,48
Totaux.	1000, »	522,60

COMPOSITION DES CENDRES.

	gr.	kil.
Silice	57,40	30,00
Oxyde de fer.	0,70	0,36
Acide phosphorique.	1,27	0,67
Chaux.	3,36	1,75
Magnésie.	0,80	0,42
Potasse.	1,89	0,99
Soude.	1,16	0,61
Substances diverses	1,31	0,68

3. — Épis du 25 juillet. RACHIS.

	Par kilog. de matière sèche. gr.		Par hectare. kil.
Matières organiques combustibles ou volatiles (déduction faite de l'azote).	957,62	. . . .	136,55
Azote (moyenne de deux dosages).	5,63	. . . .	0,80
Substances minérales (cendres).	36,75	. . . .	5,25
Totaux.	1000, »	. . . .	142,6.

COMPOSITION DES CENDRES.

Silice	15,83	. . . .	2,26
Oxyde de fer.	0,76	. . . .	0,11
Acide phosphorique.	1,95	. . . .	0,28
Chaux.	1,52	. . . .	0,22
Magnésie.	0,90	. . . .	0,13
Potasse.	8,99	. . . .	1,28
Soude.	2,85	. . . .	0,41
Substances diverses	3,95	. . . .	0,56

De l'ensemble des résultats obtenus par l'analyse des différentes parties de l'épi du blé , il est permis de tirer un certain nombre de conséquences agronomiques ou physiologiques ; mais, pour mieux faciliter la comparaison des résultats , nous allons les rassembler sous forme de tableaux synoptiques , dont les uns se rapporteront à l'hectare et les autres au kilogramme de matière entièrement privée d'humidité.

Composition du Blé (GRAINS), du 6 au 25 juillet 1864, pour 1 kilogramme de matière sèche.

NATURE DES SUBSTANCES.	GRAINS du 6 JUILLET.	GRAINS du 11 JUILLET.	GRAINS du 15 JUILLET.	GRAINS du 20 JUILLET.	GRAINS du 25 JUILLET.
	gr.	gr.	gr.	gr.	gr.
Matières organiques (azote déduit).	956,13	957,17	958,02	957,36	957,65
Azote en combinaison.	18,29	21,01	21,24	22,90	22,81
Silice	0,77	0,56	0,75	0,32	0,59
Oxyde de fer	0,06	0,09	0,30	0,24	0,11
Acide phosphorique.	8,33	7,88	6,34	5,62	4,77
Chaux.	3,37	2,47	2,20	1,50	1,74
Magnésie	3,37	2,76	2,47	2,38	2,48
Potasse	6,65	6,34	4,43	4,39	5,38
Soude.	0,25	traces.	0,15	0,39	0,003

Composition du Blé (GRAINS), du 6 au 25 juillet 1864, pour 1 hectare.

NATURE DES SUBSTANCES.	GRAINS du 6 JUILLET.	GRAINS du 11 JUILLET.	GRAINS du 15 JUILLET.	GRAINS du 20 JUILLET.	GRAINS du 25 JUILLET.
	kil.	kil.	kil.	kil.	kil.
Matières organiques (azote déduit).	722,55	1053,79	1338,36	1628,75	1982,72
Azote en combinaison.	13,82	25,33	29,63	38,96	47,23
Silice	0,58	0,68	1.07	0,54	1,22
Oxyde de fer.	0,05	0,11	0,43	0,36	0,24
Acide phosphorique.	6,29	9,49	8,85	9,56	9,88
Chaux.	2,54	2,98	3,07	2,54	3,61
Magnésie	2,55	3,32	3,44	4,06	5,12
Potasse	5,03	7,65	6,17	7,47	11,13
Soude.	0,19	traces.	0,22	0,67	0,01

Composition des BALLES du Blé, du 6 au 25 juillet 1864, pour 1 kilogramme de matière sèche.

NATURE DES SUBSTANCES.	BALLES du 6 JUILLET.	BALLES du 11 JUILLET.	BALLES du 15 JUILLET.	BALLES du 20 JUILLET.	BALLES du 25 JUILLET.
	gr.	gr.	gr.	gr.	gr.
Matières organiques (azote déduit).	913,56	924,21	922,57	925,40	923,30
Azote en combinaison.	16,18	12,49	11,35	10,39	8,81
Silice	44,10	43,10	42,04	48,63	57,40
Oxyde de fer.	0,50	1,02	1,20	0,78	0,70
Acide phosphorique.	3,67	2,94	2,48	2,02	1,27
Chaux.	4,38	4,22	6,37	4,19	3,36
Magnésie	1,54	1,38	1,92	0,98	0,80
Potasse	6,98	4,94	6,36	3,90	1,89
Soude.	0,85	1,30	1,17	1,08	1,16

Composition des BALLES du Blé, du 6 au 25 juillet 1864, pour 1 hectare.

NATURE DES SUBSTANCES.	BALLES du 6 JUILLET.	BALLES du 11 JUILLET.	BALLES du 15 JUILLET.	BALLES du 20 JUILLET.	BALLES du 25 JUILLET.
	kil.	kil.	kil.	kil.	kil.
Matières organiques (azote déduit).	548,04	557,21	460,55	449,73	482,52
Azote en combinaison.	9,71	7,53	5,67	5,05	4,60
Silice	26,45	25,98	20,99	23,63	30,00
Oxyde de fer.	0,30	0,61	0,60	0,38	0,36
Acide phosphorique.	2,20	1,77	1,24	0,98	0,67
Chaux.	2,63	2,54	3,18	2,04	1,75
Magnésie	0,92	0,83	0,96	0,48	0,42
Potasse	4,19	2,98	3,17	1,90	0,99
Soude.	0,51	0,78	0,58	0,53	0,61

Composition des RACHIS des épis du Blé, du 6 au 25 juillet 1864, pour 1 kilogramme.

NATURE DES SUBSTANCES.	RACHIS du 6 juillet.	RACHIS du 11 juillet.	RACHIS du 15 juillet.	RACHIS du 20 juillet.	RACHIS du 25 juillet.
	gr.	gr.	gr.	gr.	gr.
Matières organiques (azote déduit).	953,90	955,83	955,39	954,90	957,62
Azote en combinaison.	14,52	8,98	8,49	7,31	5,63
Silice	13,14	14,67	14,59	15,19	15,83
Oxyde de fer	0,22	0,46	0,26	0,63	0,76
Acide phosphorique.	3,31	2,63	2,38	1,99	1,95
Chaux.	2,21	2,95	2,28	2,08	1,52
Magnésie	1,10	1,10	0,83	0,99	0,90
Potasse	6,40	8,16	7,41	8,96	8,99
Soude.	1,77	1,10	2,46	2,75	2,85

Composition des RACHIS des épis du Blé, du 6 au 25 juillet 1864, pour 1 hectare.

NATURE DES SUBSTANCES.	RACHIS du 6 juillet.	RACHIS du 11 juillet.	RACHIS du 15 juillet.	RACHIS du 20 juillet.	RACHIS du 25 juillet.
	kil	kil.	kil.	kil.	kil.
Matières organiques (azote déduit).	173,13	181,13	159,26	158,51	136,55
Azote en combinaison.	2,64	1,70	1,42	1,21	0,80
Silice	2,38	2,78	2,43	2,52	2,26
Oxyde de fer.	0,04	0,09	0,04	0,10	0,11
Acide phosphorique.	0,60	0,50	0,40	0,33	0,28
Chaux.	0,40	0,56	0,38	0,36	0,22
Magnésie	0,20	0,21	0,14	0,16	0,13
Potasse	1,16	1,55	1,24	1,49	1,28
Soude.	0,32	0,21	0,41	0,46	0,41

Parmi les remarques auxquelles peut donner lieu cette étude circonstanciée des épis, nous distinguerons celles qui sont relatives aux
graines, celles qui concernent les balles et celles qui se rapportent
aux rachis.

Graines. — La proportion de *matières organiques* contenue dans 1
kilogramme de graines n'éprouve pas de variation sensible pendant cet
intervalle de dix-neuf jours, bien que le poids total de ces matières
éprouve, pendant le même temps, un accroissement de 175 pour 100
(de 722 kil. à 1983 kil.); le poids total de la récolte de graines
croît, pour 1 hectare, de 756 kil. à 2070.

La proportion d'*azote* par kilogramme de matière sèche éprouve
encore un accroissement sensible jusqu'à la dernière semaine, pendant
laquelle elle paraît rester stationnaire, bien que le poids du grain, pour
1 hectare, passe de 1701 à 2070 kilogrammes pendant cette même
semaine. Le poids total de l'azote contenu dans la récolte de 1 hectare
augmente presque régulièrement pendant toute la durée de cette période de dix-neuf jours.

La proportion d'*acide phosphorique* diminue d'une manière presque
régulière pendant les trois dernières semaines; mais le poids total,
pour 1 hectare, n'éprouve que des variations insignifiantes pendant
la dernière quinzaine, malgré l'accroissement de poids considérable
que subit alors la récolte (environ 80 pour 100).

La proportion de *chaux* par kilogramme de graine diminue d'une
manière continue et assez rapidement; mais le poids total de la chaux
ne subit que des variations de peu d'importance pendant la dernière
quinzaine.

La richesse des graines en *magnésie* varie peu dans la dernière
quinzaine; mais le poids total de magnésie contenue dans la récolte
augmente d'une manière continue, au point de subir un accroissement
total de 100 pour 100 pendant les dix-neuf derniers jours.

La richesse en *potasse* éprouve, dans les graines, quelques oscillations
et une diminution singulière vers le milieu de la période consacrée
aux observations; mais le poids total de cette substance finit par
éprouver un notable accroissement.

La proportion de *silice* est trop faible, dans les graines, pour mériter une mention spéciale.

Balles. — La proportion de *matières organiques* n'y éprouve pas de changement notable pendant la dernière quinzaine, bien que le poids total de ces matières diminue sensiblement dans la récolte.

La richesse en *azote* éprouve, dans les balles, un abaissement progressif et continu, qui atteint 52 pour 100 à la fin de la période des dix-neuf jours d'observations. Le poids total de l'azote de la récolte subit une série de diminutions successives du même ordre.

La proportion d'*acide phosphorique* subit une diminution progressive de près des deux tiers, et le poids total d'acide phosphorique contenu dans la récolte entière suit une marche tout-à-fait semblable.

La proportion de *chaux* subit, dans les balles, des alternatives qui se traduisent finalement par une diminution ; le poids total de la chaux contenu dans les balles subit des variations dans le même sens et à peu près du même ordre.

La proportion de *magnésie* va constamment en diminuant dans les balles du blé ; il en est de même du poids total de cette substance, que contient la récolte entière de cette partie des épis.

Nous sommes conduit, pour la *potasse,* à un résultat semblable au précédent : de telle sorte qu'au moment de la moisson, les balles du blé ne contiennent plus même le quart de la potasse qui s'y trouvait trois semaines auparavant.

De toutes les parties de l'épi, ce sont les balles dans lesquelles on trouve la plus forte proportion de *silice ;* cette proportion, déjà considérable au moment de la floraison, subit un accroissement continue jusqu'à la maturité de l'épi, et peut s'élever alors jusqu'à près de 6 pour 100 du poids de la matière sèche ; c'est plus encore que la moyenne de feuilles. Aussi voit-on le poids total de la silice contenue dans la récolte entière des balles éprouver encore un notable accroissement pendant la dernière quinzaine.

Rachis. — Malgré un léger accroissement de richesse en *matières* *organiques*, on voit le poids total de ces matières éprouver, dans le rachis, une diminution sensible.

La proportion d'*azote* décroît assez rapidement dans les rachis, et le poids total de cette substance y décroît plus rapidement encore.

Il en est de même pour l'*acide phosphorique*, pour la *chaux* et pour la *magnésie*.

Les rachis paraissent éprouver, en avançant vers l'époque de la maturité des épis, un notable enrichissement en *potasse*, bien que le poids total de cette substance n'éprouve, en définitive, qu'une variation insignifiante.

Il en est de même pour la *soude* ; mais nous devons ajouter, pour ce qui concerne ces deux substances en particulier, que dans les rachis de l'épi du blé le rapport de la potasse à la soude est constamment resté supérieur à 3, c'est-à-dire qu'il s'y est toujours trouvé au moins trois fois plus de potasse que de soude.

La proportion de *silice* a subi un accroissement continu, mais peu considérable, et le poids total de la silice n'a presque pas varié dans les rachis, depuis le 6 jusqu'au 25 juillet.

Comparaison des balles avec les feuilles, au point de vue de leur composition chimique.

Si nous cherchons, parmi les différentes parties de la plante, celles dont la composition chimique moyenne se rapproche le plus de la composition trouvée pour les balles du blé, nous reconnaissons sans peine qu'il existe, sous ce rapport, de très-grandes analogies entre les balles et les feuilles, analogies qui peuvent se résumer ainsi, lorsqu'on fait la comparaison aux mêmes époques :

Richesse en azote, en acide phosphorique et en magnésie peu différente, et surtout richesse en silice bien supérieure à celle des autres parties de la plante.

Pour mettre plus complètement en évidence tous ces rapports, et en même temps les différences qui peuvent exister entre la composition chimique générale des balles et des feuilles, nous allons en rappeler ici les résultats les plus importants, rapportés au kilogramme de matière sèche.

(Il est bien entendu qu'il s'agit ici, dans chaque cas, non des feuilles de tel ou tel rang, mais de la moyenne de toutes les feuilles de la récolte.)

	6 juillet 1864.		25 juillet 1864.	
	Balles.	Feuilles.	Balles.	Feuilles.
	gr.	gr.	gr.	gr.
Matières organiques (non compris l'azote)	913,56	915,17	923,30	914,70
Azote	16,18	16,46	8,81	13,45
Silice	44,10	39,00	57,40	49,00
Acide phosphorique	3,66	2,66	1,27	2,33
Chaux	4,38	10,38	3,38	10,93
Magnésie	1,54	1,48	0,80	1,06
Potasse	6,98	2,13	1,89	0,62
Soude	0,85	4,14	1,17	2,59

Les plus grandes différences portent sur la chaux, beaucoup plus abondante dans les feuilles que dans les balles ; il en est de même de la soude, mais dans de moindres proportions, tandis qu'on observe, au contraire, une plus grande richesse en potasse dans les balles que dans les feuilles ; ajoutons encore, pour terminer, que la potasse est plus abondante que la soude dans les balles, tandis que, dans les feuilles, c'est l'inverse qui a lieu ; mais, dans les unes comme dans les autres, il y a un appauvrissement assez rapide en potasse à mesure qu'on approche de la maturité.

De même que nous avons trouvé entre les balles et les feuilles de grandes analogies de composition chimique, de même aussi nous trouverions que la partie supérieure de la tige du blé et le rachis de l'épi, qui en est le prolongement, sont des parties de la plante qui diffèrent chimiquement très-peu dans leur ensemble, du moins dans les observations des 6 et 25 juillet ; la différence la plus importante consiste en une plus forte proportion de substances minérales dans les rachis.

CHAPITRE IX.

INFLUENCE DU JAVELAGE SUR LA DISTRIBUTION DES ÉLÉMENTS CONSTITUTIFS DE LA PLANTE.

J'ai essayé d'expliquer, dans le chapitre précédent, p. 105, quelques-unes des causes du peu d'empressement que mettent les cultivateurs à suivre le conseil, qui leur est souvent donné, de commencer quelques jours plus tôt la moisson de leurs blés ; j'annonçais en même temps l'intention de faire une étude comparée de la composition des diverses parties de la plante au moment même de la coupe d'une part, et de l'autre après une dessication lente opérée dans des conditions analogues à celles qui peuvent le mieux faciliter, dans la plante coupée, les derniers phénomènes de transports dont elle est le siége, pendant l'espèce d'agonie connue sous le nom de *javelage*.

Le javelage est une dessication lente, qui s'opère soit dans des javelles isolées déposées sur le sol, soit dans des agglomérations de javelles de formes diverses, qu'on appelle moyettes, mais toujours dans les champs, c'est-à-dire en plein air. Il en résulte que ce travail intérieur de maturation complémentaire doit s'accomplir en un petit nombre de jours, à cause de la haute température et de la sécheresse, qui sont les conditions ordinaires de la saison.

En plaçant à l'ombre, dans un lieu clos, mais sec, une javelle de blé immédiatement après la coupe, on devait, en ralentissant la dessication, faciliter les phénomènes de transport qui peuvent occasionner des différences de poids ou de composition entre les parties correspondantes de la plante, suivant qu'on l'examine avant ou après le javelage.

Ayant constaté à plusieurs reprises, dans mes recherches antérieures, que pendant les derniers jours c'est surtout dans les parties supérieures que la vie active se conserve plus longtemps, sous l'influence d'une proportion d'humidité plus grande, j'ai pensé qu'il suffisait de faire

16

porter la comparaison sur ces parties, comprenant l'épi et le mérithalle supérieur qui le supporte.

Le 25 juillet 1864, jour de la moisson de mon champ d'essai, au lieu de ne faire qu'un seul prélèvement d'échantillon, j'en ai fait deux simultanément, dont l'un a été débité et subdivisé immédiatement, et dont l'autre a été mis pendant six jours dans une grande chambre close et sèche, au rez-de-chaussée, pour rendre aussi lente que possible la dessication, et des précautions ont été prises pour éviter des pertes. Dans de pareilles conditions, la dessication pouvait être assimilée aux cas les plus avantageux du javelage en plein air, et au bout de six jours la javelle d'essai, devenue à peu près invariable dans son poids, était suffisamment sèche.

Nous allons résumer d'abord les principaux résultats numériques de cette étude comparée, faite sur 2 centiares de superficie.

	Poids au moment de la coupe.	Parcelle non soumise au javelage, 2 centiares.		Poids après le javelage.	Parcelle soumise au javelage, 2 centiares.	
Nombre d'épis.		674			672	
	Poids au moment de la coupe.	Poids de matière complétement sèche par hectare.		Poids après le javelage.	Poids de matière complétement sèche par hectare.	
	gr.	gr.	kil.	gr.	gr.	kil.
Grains.	672,0	414,08	2070,4	541,0	419,16	2095,8
Balles.	158,8	104,52	522,6	112,8	104,20	520,97
Rachis.	46,6	28,52	142,6	34,1	31,7	158,5.
Partie supérieure des tiges		111,39	556,95		109,77	548,83
Premières feuilles supérieures.		83,03	415,15		90,20	451,0
Premiers nœuds.		14,235	71,175		13,08	65,4
			3778,9			3840,5

En somme, le mérithalle supérieur et l'épi paraissent avoir éprouvé, pendant le javelage, une légère augmentation d'environ 1,5 pour 100.

Si nous cherchons plus en détail les variations de poids qui ont pu avoir lieu dans chacune des subdivisions considérée isolément et à l'état de complète siccité, nous trouvons : que le grain a subi un accroissement de poids de 25 kilog. 1/2 par hectare, soit environ 1,25 pour 100 de son poids au moment de la coupe ; que le poids des balles n'a pas sensiblement varié, tandis que celui des rachis a subi une augmentation notable (9 à 10 pour 100), comme si une partie des matériaux destinés aux graines s'était arrêtée en route par une insuffisance de dissolvant.

La proportion d'humidité s'est bien réduite pendant cette lente dessication spontanée ; dans le grain, elle s'est réduite de 38 à 22 pour 100 ; dans les balles, de 33 à 10 pour 100, et enfin, dans les rachis, de 40 à 8 1/2 pour 100.

Si nous cherchons à pénétrer un peu plus avant dans la constitution intime des différentes parties, voici ce que nous y trouvons :

GRAINES.

	AVANT LE JAVELAGE.		APRÈS LE JAVELAGE.	
	Par kilogramme de matière sèche.	Par hectare.	Par kilogramme de matière sèche.	Par hectare.
	gr.	kil.	gr.	kil.
Matières organiques combustibles ou volatiles (azote déduit).	957,61	1982,72	958,18	2008,15
Azote en combinaison.	22,81	47,23	23,48	49,22
Substances minérales (cendres).	19,54	40,46	18,34	38,43
Silice	0,59	1,22	0,57	1,20
Acide phosphorique.	4,77	9,88	5,42	11,36
Chaux	1,74	3,61	1,75	3,66
Magnésie	2,48	5,12	2,61	5,45
Potasse.	5,38	11,13	5,23	10,97
Soude	0,003	0,01	0,008	0,02

BALLES.

	AVANT LE JAVELAGE.		APRÈS LE JAVELAGE.	
	Par kilogramme de matière sèche.	Par hectare.	Par kilogramme de matière sèche.	Par hectare.
	gr.	kil.	gr.	kil.
Matières organiques combustibles ou volatiles (azote déduit).	923,30	482,52	925,22	482,02
Azote en combinaison.	8,81	4,60	7,28	3,77
Substances minérales (cendres).	67,89	35,48	67,50	35,17

Silice		57,40	..	30,00	..	58,29	... 30,37
Acide phosphorique.		1,28	..	0,67	..	1,75	.. 0,91
Chaux		3,35	...	1,75	..	2,83	.. 1,48
Magnésie		0,80	..	0,42	..	0,79	.. 0,44
Potasse.		1,89	..	0,98	..	1,67	.. 0,87
Soude		1,17	..	0,64	..	0,95	.. 0,49

RACHIS.

	AVANT LE JAVELAGE.		APRÈS LE JAVELAGE.	
	Par kilogramme de matière sèche.	Par hectare.	Par kilogramme de matière sèche.	Par hectare.
	gr.	kil.	gr.	kil.
Matières organiques combustibles ou volatiles (azote déduit).	957,62	136,55	963,01	152,64
Azote en combinaison.	5,63	0,80	5,53	0,88
Substances minérales (cendres).	36,75	5,25	31,46	4,98
Silice	15,83	2,26	15,78	2,50
Acide phosphorique.	1,95	0,28	1,93	0,31
Chaux	1,62	0,22	2,12	0,34
Magnésie	0,90	0,13	0,86	0,14
Potasse.	8,99	1,28	6,00	0,95
Soude	2,85	0,41	1,67	0,27

Partie supérieure des tiges.

	AVANT LE JAVELAGE.		APRÈS LE JAVELAGE.	
	Par kilogramme de matière sèche.	Par hectare.	Par kilogramme de matière sèche.	Par hectare.
	gr.	kil.	gr.	kil.
Matières organiques combustibles ou volatiles (azote déduit).	967,99	539,12	964,79	529,50
Azote en combinaison.	6,20	3,45	9,16	5,03
Substances minérales (cendres).	25,84	14,38	26,05	14,30
Silice	12,62	7,03	13,29	7,29
Acide phosphorique.	1,20	0,67	1,62	0,89
Chaux	3,09	1,72	3,86	2,12
Magnésie	0,52	0,29	0,46	0,25
Potasse.	2,45	1,37	2,45	1,35
Soude	1,42	0,79	1,64	0,90

Premières feuilles supérieures.

	AVANT LE JAVELAGE.		APRÈS LE JAVELAGE.	
	Par kilogramme de matière sèche.	Par hectare.	Par kilogramme de matière sèche.	Par hectare.
	gr.	kil.	gr.	kil.
Matières organiques combustibles ou volatiles (azote déduit). .	928,86	385,62	024,99	417,17
Azote en combinaison. . . .	10,46	4,34	10,60	4,78
Substances minérales (cendres).	60,68	25,20	64,41	29,05
Silice	41,59	17,27	40,11	18,09
Acide phosphorique.	2,01	0,84	1,76	0,79
Chaux	7,97	3,31	8,20	3,70
Magnésie	1,98	0,82	2,48	1,12
Potasse.	0,50	0,21	0,69	0,31
Soude	2,28	0,94	2,36	1,06

Premiers nœuds supérieurs.

	AVANT LE JAVELAGE.		APRÈS LE JAVELAGE.	
	Par kilogramme de matière sèche.	Par hectare.	Par kilogramme de matière sèche.	Par hectare.
	gr.	kil.	gr.	kil.
Matières organiques combustibles ou volatiles (azote déduit). .	900,27	64,08	902,59	59,03
Azote en combinaison. . . .	9,05	0,64	9,17	0,60
Substances minérales (cendres).	90,68	6,45	88,24	5,77
Silice	7,55	0,54	7,64	0,50
Acide phosphorique.	2,91	0,21	4,46	0,29
Chaux	7,55	0,54	10,02	0,65
Magnésie	4,85	0,34	5,01	0,33
Potasse.	25,73	1,82	27,76	1,82
Soude	8,87	0,63	12,73	0,83

De l'ensemble de ces nombres, il semble résulter que, sous l'influence du javelage, le *grain* éprouve un enrichissement sensible en azote, en acide phosphorique et en magnésie, tandis que les proportions de chaux, de potasse et de silice n'y subissent pas de changement bien appréciable. C'est sur l'acide phosphorique surtout que l'accroissement se manifeste, et la nature des éléments dont la proportion augmente en même temps que celle de cet acide, permettrait de présumer que ces trois substances parviennent au grain à l'état de *phosphate ammoniaco-magnésien.*

Dans les *balles* on observe, après le javelage, un appauvrissement en azote, en chaux, en potasse et en soude, tandis que la proportion d'acide phosphorique y subit un notable accroissement.

Par le javelage, la proportion de chaux éprouve, dans les *rachis*, un notable accroissement, tandis qu'on y observe, au contraire, une diminution dans les proportions de potasse et de soude ; les proportions d'azote, d'acide phosphorique, de silice et de magnésie n'éprouvent pas de variations sensibles.

Dans la *partie supérieure des tiges,* la dessication lente permet un accroissement de près de 50 pour 100 dans la proportion d'azote, tandis que les proportions de la plupart des autres substances n'éprouvent que des changements insignifiants.

Les *premières feuilles supérieures* se sont un peu enrichies en chaux, en magnésie et en potasse par le javelage ; elles se sont un peu appauvries en silice, un peu plus en acide phosphorique ; mais la proportion d'azote n'y a pas subi de variation appréciable.

Enfin il s'est produit dans les *premiers nœuds supérieurs,* pendant le javelage, un enrichissement sensible en acide phosphorique, chaux, potasse et soude, tandis que les proportions d'azote, de silice et de magnésie n'ont pas sensiblement changé.

Si, en nous plaçant à un autre point de vue, nous considérons le mérithalle supérieur dans son entier, en y joignant l'épi, nous trouvons, pour les poids respectifs de ses principaux éléments constitutifs, rapportés à l'hectare, des résultats dont la tendance manifeste mérite une mention spéciale.

Partie supérieure de la plante, depuis et y compris l'épi jusqu'au premier nœud supérieur inclusivement.

	POIDS TOTAL PAR HECTARE.	
	Avant le javelage. kil.	Après le javelage. kil.
Azote	64,06	64,28
Silice.	58,22	59,99
Acide phosphorique.	12,55	14,55
Chaux.	11,15	11,95
Magnésie.	7,12	7,70
Potasse	16,80	16,27
Soude.	3,39	3,57

Cette comparaison nous montre que le poids total de la potasse et celui de la soude n'ont pas sensiblement varié dans la partie supérieure de la plante pendant le javelage, tandis que le poids de la magnésie, celui de la chaux, ceux de l'acide phosphorique et de la silice, et surtout celui de l'azote paraissent avoir éprouvé un accroissement assez notable pour qu'on en puisse induire un transport de matière appréciable, pendant la dessication lente qui suit la coupe faite à l'époque ordinaire de la moisson.

Dans des expériences faites sur le Colza en 1859 et en 1860, j'avais reconnu que si, pendant le javelage, les sommités des plantes et la graine éprouvent une légère augmentation de poids, la proportion d'huile n'augmente pas dans la graine, ni la proportion d'azote dans la partie supérieure des tiges (siliques pleines comprises). Et si nous ajoutons qu'au moment de la coupe, le colza contient encore plus des trois quarts de son poids d'eau, dont il perd plus de la moitié pendant le javelage, il semble permis d'en conclure que, pendant cette lente dessication, les phénomènes de transport sont peu actifs dans le colza, et ne peuvent amener, dans la composition des diverses parties de la plante, que des modifications peu importantes.

Pour être un peu plus prononcés dans le blé, ces faits de transports pendant le javelage n'y sont pas moins restreints aussi dans des limites assez circonscrites.

CHAPITRE X.

INFLUENCE DE LA PERFECTION DE DÉVELOPPEMENT DU GRAIN SUR SA COMPOSITION CHIMIQUE.

J'ai déjà rappelé, p. 105, que plusieurs agronomes très-distingués avaient recommandé de couper les blés un peu plus tôt qu'on ne le fait habituellement, et j'ai essayé de faire comprendre l'origine du peu de succès qu'a trouvé ce conseil auprès de la plupart des cultivateurs.

Entre autres raisons qu'on a fait valoir en faveur de cette coupe hâtive, on a dit que le grain de ces blés coupés de bonne heure est plus riche en matières azotées, et par suite d'une qualité supérieure.

J'ignore si cette opinion, qui compte un certain nombre de partisans, est basée sur des analyses directes et nombreuses, ou si elle est déduite indirectement ou par extension d'anciennes recherches de M. Payen, dans lesquelles cet habile chimiste avait constaté que les parties les plus jeunes d'une plante sont généralement les plus riches en azote. Je dois même ajouter que, s'il s'agissait de la graine du colza, cette règle du savant agronome lui serait entièrement applicable, comme j'ai pu le constater dans une série de recherches faites sur cette plante en 1862 (1), dont je me bornerai à rapporter les résultats à ce point de vue tout spécial :

		Azote par kilogramme de matière sèche. gr.			Azote par kilogramme de matière sèche. gr.
Graines de colza du 26 mai 1862.		50,63	Graine du 17 juin.	.	34,44
Id.	du 31 mai. . .	43,12	id. 21 juin.	.	33,96
Id.	du 4 juin. . .	41,22	Id. 13 juin.	. .	37,66
Id.	du 9 juin. . .	39,13			

Restait à savoir si, pour le blé, les choses se passent de la même

(1) Nouvelles Études sur le Colza (*Bulletin de la Société Linnéenne de Normandie*, t. VII, p. 54). — *Recherches agronomiques*, 1 vol. in-8°, 1863.

manière, et je ne connaissais, jusqu'à ce jour, aucune série de recherches propres à trancher la question. En nous reportant aux résultats successivement consignés dans le présent travail, voici ce que nous trouvons :

	Azote par kilogramme de matière sèche. gr.	Azote par hectare. kil.
Blé; graines du 6 juillet	18,29	13,82
Id. du 11 juillet	21,01	25,33
Id. du 15 juillet	21,21	29,63
Id. du 20 juillet	22,90	38,96
Id. du 25 juillet	22,81	47,23

Ces résultats, qui semblent se confirmer l'un par l'autre, nous montrent qu'*au lieu d'être plus riches, les graines les plus jeunes sont les plus pauvres en azote*, et qu'*au moment où le grain paraît cesser de s'enrichir, le poids total de l'azote de la récolte augmente encore d'une manière très-notable, par suite de l'accroissement de poids du grain.*

Au point de vue qui nous occupe, on ne saurait donc encore mettre trop de prudence, lorsqu'il s'agit d'avancer de quelques jours l'époque ordinairement fixée pour la coupe des blés.

En étudiant, il y a une douzaine d'années, un assez grand nombre de variétés de blé (1), je me suis proposé de chercher, pour plusieurs d'entre elles, les différences de composition qui peuvent exister entre les grains de diverses qualités provenant d'une même récolte.

Toutes les personnes qui ont un peu l'habitude du maniement des blés savent qu'en examinant attentivement le grain d'une récolte, même lorsqu'il s'agit d'une variété bien pure de tout mélange, on y trouve des grains d'aspects divers et de qualités bien différentes, commercialement parlant.

Les uns, et ce sont généralement les plus nombreux, ont des formes arrondies qui semblent témoigner d'un parfait et complet développement, sous l'influence d'une abondante alimentation ;

D'autres, plus maigres, anguleux, ridés, semblent avoir souffert

____

(1) *Recherches sur les fourrages et sur diverses substances destinées à l'alimentation de l'homme ou à celle des animaux.* Un vol. in-18.

pendant leur développement, ou avoir été arrêtés dans leur accroissement avant le terme fixé par la nature ;

D'autres, enfin, tellement maigres, tellement ridés qu'ils paraissent presque vides, sans que l'observation microscopique y dénote d'une manière évidente les traces d'une autre maladie qu'une atrophie.

La différence qu'on observe entre ces graines doit-elle être attribuée à ce que les premiers sont les plus âgés, ceux dont la fécondation est la plus ancienne les premiers développés, tandis que les autres, plus jeunes, auraient été arrêtés dans leur développement par la moisson, et seraient en quelque sorte ainsi morts de faim avant le temps, faute d'aliments ?

Ou bien ces derniers seraient-ils des grains qui, fécondés en même temps que les premiers, auraient, plus ou moins longtemps avant la moisson, cessé de se développer par suite de circonstances diverses, et se seraient ainsi plus ou moins atrophiés ?

Cette atrophie elle-même peut avoir été plus ou moins lente et résulter de l'insuffisance, à des degrés divers, de l'afflux des principes constitutifs du grain normal.

L'analyse chimique seule me paraissait pouvoir fournir les moyens de se prononcer sur cette question avec quelque chance de certitude, surtout en opérant sur plusieurs variétés distinctes.

J'ai donc choisi les trois variétés communes de blé connues dans la plaine de Caen sous les noms de *franc blé* barbu ordinaire, de *blé rouge d'Écosse* et de *blé Chevalier*. Ces variétés de blé, aussi pures que possible, avaient été récoltées la même année, en 1854 ; toutes les parties de chacun de ces blés provenaient donc d'*une même récolte*. J'ai trié à la main, dans chacune de ces variétés : 1° les grains les plus beaux, les plus régulièrement nourris ; 2° des grains retraits, ridés, très-maigres ; 3° les grains paraissant les plus maigres, presque vides, mais n'offrant, d'ailleurs, aucune apparence de maladie organique, qui n'eussent que très-difficilement trouvé acquéreur sur un marché, n'étant susceptibles que de servir à la nourriture des animaux.

En soumettant comparativement à l'analyse ces grains divers, ils ont donné, pour leur richesse en azote, les résultats suivants :

1. Franc blé barbu ordinaire, de la plaine de Caen.

	Poids de l'hectolitre.	Azote par kilogramme à l'état ordinaire.	Azote par kilogramme à l'état sec.	Poids d'azote par hectolitre.
	kil.	gr.	gr.	kil.
Les plus beaux grains. . .	84 . .	21,8 . .	25,5 . .	1,831
Grains ridés et très-maigres.	80 . .	24,3 . .	28,1 . .	1,944
Grains presque vides . . .	66 . .	23,2 . .	26,9 . .	1,531

2. Blé rouge d'Écosse.

Les plus beaux grains. . .	83,85 . .	18,8 . .	22,6 . .	1,576
Grains ridés très-maigres .	79,85 . .	20,8 . .	24,4 . .	1,661
Grains presque vides. . .	68,50 . .	20,0 . .	23,3 . .	1,370

3. Blé Chevalier.

Les plus beaux grains. . .	81,7 . .	17,3 . .	20,9 . .	1,405
Grains ridés très-maigres. .	78,5 . .	22,6 . .	26,0 . .	1,774
Grains presque vides . . .	65,0 . .	21,6 . .	24,9 . .	1,404

Dans chacune des trois variétés de blé, les grains ridés très-maigres de la seconde catégorie présentent, par rapport aux plus beaux grains de la première, un excès de richesse en azote qui, à poids égal, s'élève à plus de 12 °/. de la proportion que renferment ces derniers ; la richesse des grains atrophiés de la troisième catégorie est elle-même toujours supérieure de 8 à 10 °/. à celle de la première qualité marchande.

En nous plaçant non plus au point de vue du même poids, mais au point de vue du même volume, nous voyons qu'à volume égal, dans les trois variétés, les grains de la seconde catégorie contiennent encore plus d'azote que ceux de la première.

À première vue, on se trouve tenté de voir une sorte de rapport direct entre la petitesse des grains et leur richesse en azote ; mais il ne faut pas se laisser séduire trop vite par des apparences de cette nature que l'expérience peut démentir. Pour savoir ce qu'il en fallait penser, j'ai trié à la main, dans le même blé rouge d'Écosse qui avait servi aux expériences qui précèdent, les grains *réguliers* les plus petits, aussi parfaits de forme que les plus beaux, dont ils étaient comme les miniatures réduites à demi-volume tout au plus; les richesses comparées en azote de ces deux sortes de grains se sont trouvées être les suivantes :

	Azote par kilogramme à l'état ordinaire.		Azote par kilogramme à l'état sec.
	gr.		gr.
Grains les plus beaux.	18,8	. . . .	22,6
Grains les plus petits, très-réguliers de forme.	18,3	. . . .	21,7

La différence, si l'on en voulait absolument trouver une, serait donc plutôt en sens inverse, que dans le sens prévu par les inductions qui précèdent.

Ce dernier résultat, combiné avec les résultats antérieurement obtenus, semble faire pressentir que, pour une même variété de blé, dont toutes les parties proviennent d'une même récolte faite dans le même champ, le rapport qui existe entre l'amidon et les matières azotées ne doit pas varier d'une manière sensible dans les grains régulièrement conformés et développés, quelle que soit leur grosseur (du moins le fait paraît vrai pour le blé rouge d'Écosse), tandis que si l'on compare les grains bien nourris et régulièrement développés à ceux dont le développement n'est pas normal, il semble que ce rapport entre la matière amilacée et les matières azotées tourne alors à l'avantage de ces dernières.

Comme c'est dans les *criblures* que se trouvent la plupart de ces grains défectueux, commercialement parlant, il en résulte que, lorsque ces criblures ne contiennent pas de graines malfaisantes ou altérées, en les faisant consommer par les animaux, on donne réellement à ces derniers les grains les plus substantiels, les plus propres à produire de la chair et du sang. Il en résulte encore que les blés dits de seconde et de troisième qualité, lorsqu'ils sont sains et purs de mauvaises graines, doivent être considérés comme les plus nourrissants, poids pour poids, ce que semble avoir confirmé d'avance et depuis longtemps la supériorité nutritive du bon pain bis des fermes, confectionné le plus ordinairement avec ces blés réputés inférieurs sur les marchés.

Le cultivateur nous paraît donc doublement bien comprendre son intérêt pécuniaire, lorsqu'il porte au marché son plus beau blé, qu'il vend d'autant plus cher qu'il lui a fait subir un plus grand déchet par le criblage, et lorsqu'il réserve pour la consommation de sa maison ses déchets qui ont pour lui une valeur bien supérieure à leur valeur marchande.

De ce qui précède, il nous semble permis de conclure que les grains de la seconde ou de la troisième catégorie ne se comportent pas, à l'analyse, comme le feraient des grains plus jeunes, qui n'auraient pas eu le temps de mûrir. Seulement, nous n'avons fait porter la comparaison, jusqu'à présent, que sur les matières azotées; il m'a semblé intéressant de l'étendre aussi aux principales substances minérales. J'ai donc soumis à un examen plus circonstancié trois échantillons de blé rouge d'Écosse : les plus beaux grains, les grains petits, mais réguliers, enfin les grains de la plus mauvaise qualité; et voici les résultats auxquels m'a conduit l'analyse de leurs cendres, rapportées au kilogramme de matière sèche :

	Cendres par kilogramme.	Acide phosphorique par kilogramme.	Potasse par kilogramme.
	gr.	gr.	gr.
Les plus beaux grains	16,66	5,87	4,14
Grains petits, mais réguliers. . . .	16,30	3,00	4,01
Grains presque vides.	20,78	6,97	5,84

La seule différence importante qui nous frappe, en comparant les cendres des plus beaux grains et des grains beaucoup plus petits, mais réguliers dans leur forme, consiste en une moins grande richesse en phosphates dans ces derniers; la différence est presque de moitié. Si, à cause de leur plus grande richesse en azote, les grains presque vides semblent s'éloigner des grains saisis et desséchés pendant les premiers temps de leur développement, ils paraissent, au contraire, s'en rapprocher par la proportion de leurs cendres et par les proportions d'acide phosphorique et de potasse que contiennent ces dernières.

L'analyse chimique ne pourrait donc, à elle seule, trancher avec une certitude rigoureuse la question particulière qui nous occupe.

CONCLUSIONS GÉNÉRALES [1].

De la comparaison et de la discussion des résultats généraux de ce travail il me semble permis de tirer, entre autres conclusions, les suivantes :

1° Quinze à vingt jours au moins avant la moisson, le poids total de la récolte. prise en masse et dans son ensemble, cesse d'augmenter ;

2° Pendant ces quinze à vingt derniers jours, l'épi emprunte aux différentes parties de la tige qui le supporte à peu près tout l'accroissement de poids qu'il éprouve (Voir pages 101 et suivantes);

3° Il semble résulter de là que, plusieurs semaines avant la moisson, la vie de la plante est une vie tout intérieure, dans laquelle l'intervention du sol et, en général, des agents extérieurs, doit être peu importante ; que la plante doit contenir alors toute sa provision de substance, et que les derniers efforts de la vie végétative ne semblent plus avoir alors d'autre but et d'autre effet qu'un complément d'élaboration et une répartition différente des principes nutritifs de la plante, principalement au profit de la graine;

4° Dans les feuilles considérées à part et toutes ensemble, la diminution de poids, quelle qu'en soit l'explication, paraît commencer environ quatre semaines avant la moisson ;

5° Une diminution analogue se manifeste également dans les entrenœuds supérieurs, dépouillés de leurs feuilles.

AZOTE.

La *proportion* d'azote contenue dans un kilogramme de chacune des parties de la plante éprouve une diminution graduelle et rapide, à mesure que la plante avance vers la maturité. (Les épis pleins et complets forment une exception sur laquelle nous reviendrons un peu plus loin.)

[1] Il est bien entendu, une fois pour toutes, que toutes les données qui vont suivre se rapportent à des matières entièrement dépouillées d'humidité.

Si , au lieu de suivre une même subdivision de la plante aux diverses époques successives d'observation , nous comparons , à une même époque quelconque, les subdivisions de même nature, soit les diverses feuilles entre elles , soit les nœuds entre eux , soit les entre-nœuds , en descendant du sommet de la plante vers la base , nous observons également une diminution progressive de richesse en azote dans les entre-nœuds successifs, aussi bien que dans les feuilles et dans les nœuds, en sorte que les parties ayant terminé le plus anciennement leur développement sont toujours les plus pauvres en azote.

Cet appauvrissement ne peut pas être attribué uniquement, comme on pourrait être tenté de le faire, à une augmentation du poids des parties, augmentation par suite de laquelle la même quantité d'azote, répartie entre un plus grand nombre de kilogrammes, en fournirait tout naturellement moins à chacun d'eux ; en effet, le poids total des feuilles, celui des nœuds et celui des entre-nœuds éprouvent eux-mêmes, pendant les quatre dernières semaines qui précèdent l'époque de la moisson, une très-notable diminution.

C'est surtout l'absorption due au développement de l'épi qui est la principale cause de l'appauvrissement que nous venons de signaler dans les autres parties.

Poids total de l'azote. — Pendant le dernier mois, certaines parties en ont perdu les trois quarts de ce qu'elles en contenaient auparavant, principalement les parties supérieures , les plus jeunes, celles dans lesquelles les phénomènes de la vie s'accomplissent avec le plus d'activité (1).

Mais tandis que les autres parties de la plante perdent ainsi la majeure partie de leur azote , l'épi en gagne énormément pendant le même temps (dans mes expériences de 1864, il en a gagné, pendant le dernier mois, environ 200 °/.). *C'est donc par suite d'un phénomène de transport vers l'épi que le reste de la plante perd, pendant les dernières semaines, les deux tiers de son azote.* Le poids total de l'azote contenu dans la récolte entière (épis compris) paraît atteindre son

(1) Les épis ne sont pas compris dans cette appréciation.

maximum environ un mois avant la maturité du blé. Le poids total de l'azote contenu dans la totalité des *feuilles* ou dans la totalité des *tiges nues*, après avoir progressé jusque après la floraison, commence à décroître ensuite d'une manière continue plus de six semaines avant la moisson.

Mes études sur le Colza m'avaient déjà conduit à des conséquences analogues.

ACIDE PHOSPHORIQUE.

L'appauvrissement en acide phosphorique suit exactement la même marche que pour l'azote.

On voit de même le *poids total* de l'acide phosphorique commencer à diminuer dans l'ensemble des feuilles, dans l'ensemble des nœuds et dans l'ensemble des entre-nœuds, plus d'un mois avant la moisson, tandis qu'il éprouve, dans l'épi, un rapide accroissement correspondant.

Mais, à partir de cette époque (un mois avant la moisson), il n'y a plus d'augmentation sensible dans le poids total d'acide phosphorique de la récolte entière.

CHAUX.

Dans les nœuds et dans les entre-nœuds de même étage, là proportion de chaux par kilogramme de matière sèche diminue à mesure qu'on approche de la moisson ; on observe une diminution analogue dans les nœuds et dans les entre-nœuds d'une même époque, en descendant du sommet vers la base de la plante. L'observation de ce qui se passe dans les feuilles permet d'y constater des résultats inverses dans les deux cas. Toutefois, malgré cet enrichissement, les feuilles, prises toutes ensemble, ne fournissent pas un poids total de chaux constamment croissant ; ce poids paraît même commencer à subir une diminution graduelle environ un mois avant la moisson.

Cette apparente contradiction provient de la diminution du poids des feuilles.

Il résulte même de cette diminution du poids total des feuilles, combiné avec l'importance de leur enrichissement, que la richesse moyenne en chaux, pour toutes les feuilles, est à peu près constante pendant les six dernières semaines (Voir page 82.)

A toutes les époques d'observation, les feuilles contiennent, à elles seules, plus de la moitié de la chaux qu'on trouve dans la plante entière.

De même que pour l'azote et pour l'acide phosphorique, le poids total de chaux cesse d'augmenter, dans la plante entière, environ un mois avant la moisson.

POTASSE.

A part l'épi, dans toutes les parties homologues et correspondantes de la tige, la proportion de potasse va constamment en diminuant jusqu'à la moisson.

En descendant du sommet vers la base de la plante, la proportion de potasse diminue encore dans les parties de même nature, mais d'étages successivement différents.

Dans chaque mérithalle, le nœud est beaucoup plus riche en potasse que la feuille et que l'entre-nœud; cette proportion de potasse, dans les nœuds, peut s'élever, avant l'épiage, jusqu'à 47 millièmes (près de 5 °/₀) du poids total de la matière sèche. Elle s'élève encore, à l'époque de la maturité, à près de 20 millièmes (2 °/₀) dans les nœuds supérieurs.

En réunissant tous les nœuds d'une même époque d'observation, on trouve que leur richesse moyenne en potasse n'éprouve que des variations insignifiantes d'une époque à une autre, à partir d'environ six semaines avant la maturité.

Si l'on réunit de même tous les entre-nœuds d'une même époque, la proportion *moyenne* de potasse qu'on y trouve par kilogramme de matière sèche diminue progressivement, et, pendant les six dernières semaines, cette diminution peut s'élever à environ 45 °/₀.

En réunissant de même aussi toutes les feuilles d'une même époque d'observation, il est aisé de reconnaître, dans la richesse moyenne en potasse, une diminution bien plus considérable encore, puisqu'elle atteint, pendant le même espace de temps, 88 °/₀.

18

A l'approche de la moisson, les feuilles inférieures ne contiennent même plus que des traces insignifiantes de potasse.

Dans les épis, le *poids total* de potasse que contient la récolte entière croît d'une manière continue jusqu'à la moisson.

Il se produit, au contraire, dans l'ensemble des feuilles d'une même époque, une diminution considérable et rapide du poids total de la potasse ; cette diminution s'est élevée à 92 °/₀, pendant les six dernières semaines, dans mes expériences de 1864.

Pendant la même période de temps, le poids total de potasse contenu, soit dans l'ensemble des nœuds d'une même époque d'observation , soit dans l'ensemble des entre-nœuds , n'éprouve que des variations de peu d'importance.

A l'époque de la moisson, les nœuds contiennent, à eux seuls, quatre fois plus de potasse que les feuilles ; et comme le poids de ces dernières est alors quintuple de celui des nœuds, il s'ensuit *qu'en moyenne les nœuds du blé, à l'époque de la maturité, sont vingt fois plus riches en potasse que les feuilles , à poids égal.*

L'ensemble des nœuds contient alors un poids total de potasse presque égal à celui de l'ensemble des entre-nœuds, bien que, dans la récolte, le poids de ces derniers soit sept fois plus considérable que celui des nœuds ; d'où il résulte qu'*au moment de la moisson les nœuds du blé sont, en moyenne, sept fois plus riches en potasse que les entre-nœuds , à poids égal.*

Enfin, le poids total de la potasse cesse d'augmenter, dans la plante entière, pendant les dernières semaines de sa végétation.

SOUDE.

C'est dans l'épi que se trouve la plus faible proportion de soude (V. page 89).

Les entre-nœuds sont d'autant plus riches en soude qu'on les prend plus près du pied de la plante, surtout pendant les cinq dernières semaines (V. page 89).

Les nœuds et les feuilles fournissent des résultats analogues.

Cet enrichissement des diverses parties homologues de la plante, lorsqu'on descend du sommet vers le pied, semble indiquer une sorte d'appel des composés sodiques vers la partie inférieure du végétal , tandis que les composés potassiques , azotés ou phosphorés sont , au contraire , entraînés vers la partie supérieure.

Considérée dans son ensemble , la récolte entière a perdu , pendant le dernier mois , environ 40 °/₀ de la soude qu'elle contenait un mois avant la moisson (V. page 90).

RAPPORT DE LA POTASSE A LA SOUDE.

En général , et sauf d'insignifiantes exceptions , *dans toutes les parties homologues de la plante et dans toutes leurs subdivisions , le rapport de la potasse à la soude décroît à mesure qu'on approche de la maturité.*

En comparant , *à une même époque d'observation , les subdivisions de même nature , le rapport de la potasse à la soude y diminue , en descendant du sommet vers le pied de la plante* (V. page 92).

Il semble résulter de là que les composés potassiques doivent jouer , dans les parties supérieures de la tige et dans l'épi , c'est-à-dire dans les régions de la plante où la vie végétale fonctionne avec le plus d'activité , un rôle plus important que celui des composés sodiques.

SILICE (Voir pages 94 et 95).

En général , dans les subdivisions de même nature appartenant à des mérithalles de même rang , la proportion de silice va en augmentant , à mesure qu'on approche de la maturité.

En général aussi , mais surtout dans les feuilles , la proportion de silice augmente , dans les subdivisions de même nature , en allant du sommet de la plante vers le pied.

Classées dans l'ordre décroissant de leur plus grande richesse en silice , les différentes parties de la plante conservent invariablement l'ordre suivant pendant les cinq dernières semaines :

1° Feuilles ;   3° Entre-nœuds ;
2° Épis entiers ;   4° Nœuds.

Les feuilles contiennent , à poids égal , sept à huit fois plus de silice que les nœuds , et quatre à cinq fois plus que les entre-nœuds.

L'ordre dans lequel se succéderaient ces trois parties (feuilles, entre-nœuds et nœuds) est donc précisément l'ordre inverse de celui dans lequel se trouvaient classées ces mêmes parties, d'après leur richesse en potasse (V. page 138).

Le *poids total* de la silice cesse d'augmenter, dans la plante entière, plusieurs semaines avant la maturité.

A l'époque de la moisson, sur 100 parties de silice, il s'en trouve environ 55 dans les feuilles, un peu plus de 27 dans les épis entiers, environ 16 dans les entre-nœuds, et seulement 1,5 dans les nœuds (1).

Le poids total de silice contenu dans les divers mérithalles successifs décroît d'une manière très-prononcée, lorsqu'on passe de l'un quelconque de ces mérithalles à celui qui lui est immédiatement inférieur.

Si l'on observe ici des variations de sens inverse de celles qui ont été constatées au sujet de la richesse proportionnelle en silice de ces mêmes parties, cela tient à ce que le poids total des mérithalles supérieurs est beaucoup plus considérable que celui des mérithalles inférieurs, et que le plus grand nombre de kilogrammes compense et au-delà la moindre richesse de chacun d'eux.

ÉPIS.

Le poids total des épis éprouve, pendant les trois dernières semaines, une augmentation d'environ 70 %.

Pendant le même intervalle de temps, le poids total des rachis diminue, ainsi que celui des balles; le mérithalle supérieur subit également une diminution de poids à la même époque, et fournit à l'épi la majeure partie de son augmentation.

L'accroissement moyen de poids du grain, pour vingt-quatre heures, éprouve peu de variation pendant les trois dernières semaines et équivaut à peu près à 1 hectolitre par jour, même pendant les cinq derniers jours qui précèdent la moisson.

Pendant les dix-neuf derniers jours qui ont précédé la moisson, le poids total de la graine a presque triplé; mais la proportion de matières organiques par kilogramme de matière sèche n'a pas sensiblement varié.

Le rapport du poids des *balles* sèches au poids du grain sec diminue

(1) La silice que contiennent les épis se trouve presque exclusivement dans les balles qui enveloppent le grain.

à mesure qu'on approche de la maturité. Ainsi, le 6 juillet, le poids des balles représentait 80 °/₀ du poids du grain;

Le 11 juillet . . . 50 °/₀; Le 20 juillet. . . . 30 °/₀;
Le 15 id. . . . 37 °/₀; Le 25 id. . . . 25 °/₀.

La *proportion d'azote*, après avoir subi jusqu'à la dernière semaine un sensible accroissement, a paru devenir ensuite stationnaire.

Le *poids total de l'azote* contenu dans la récolte de grain a éprouvé, jusqu'à la fin, un accroissement progressif presque régulier.

La *proportion d'acide phosphorique* diminue d'une manière presque régulière dans le grain, pendant les trois dernières semaines, tandis que le *poids total* de cette substance n'éprouve, pendant la dernière quinzaine, que des variations insignifiantes, malgré l'accroissement d'environ 150 °/₀ qu'éprouve alors le poids de la récolte.

La proportion de *chaux* par kilogramme diminue d'une manière continue dans le grain; mais le poids total de chaux contenue dans cette partie de la récolte ne subit que des variations de peu d'importance pendant la dernière quinzaine.

La richesse du grain en *magnésie* varie peu dans la dernière quinzaine; mais le *poids total* de magnésie contenue dans cette partie de la récolte augmente d'une manière continue, au point de subir un accroissement total de 100 °/₀ pendant les dix-neuf derniers jours qui précèdent la moisson.

La richesse en *potasse* éprouve dans le grain quelques oscillations (1); mais le *poids total* de cette substance finit par éprouver un notable accroissement.

De toutes les parties de la plante, ce sont les feuilles dont la composition moyenne se rapproche le plus de celle des balles qui enveloppent le grain. La plus grande différence porte sur la chaux, beaucoup plus abondante dans les feuilles que dans les balles. Il en est de même pour la soude, mais dans de moindres proportions.

Influence du javelage. — Sous l'influence d'une lente dessication en

(1) Il s'est produit, vers le milieu de la période de temps consacrée aux observations, une diminution singulière dans la proportion de potasse contenue dans le grain. J'ai dû la rapporter sans chercher à l'expliquer, faute d'en avoir pu trouver une raison satisfaisante.

javelle, le grain a éprouvé un enrichissement sensible en azote, en acide phosphorique et en magnésie, ce qui semblerait favorable à l'opinion qui admettrait que ces trois substances ont été transportées ou emmagasinées, dans le grain, sous la forme de *phosphate ammoniaco-magnésien.*

Il résulte de la comparaison générale faite entre les parties supérieures de la plante, depuis et y compris l'épi jusqu'au premier nœud supérieur inclusivement, avant et après le javelage, qu'il s'effectue, pendant la dessication lente en javelle, un transport sensible de matière dans cette partie de la plante, mais que l'importance de ce transport est compris dans des limites assez restreintes.

Observation. — A l'occasion de ces phénomènes de transport de matières solides organiques ou minérales dans le grain, il est un fait qui mérite d'être pris en sérieuse considération, c'est le suivant : *La graine du blé acquiert, peu de temps après la fécondation, le volume apparent qu'elle doit avoir à sa maturité.* (Nous en pouvons dire autant de la graine du colza, pour ne citer que les plantes dont j'ai fait plus particulièrement l'objet de mes études.)

Mais alors c'est l'eau qui forme la majeure partie de la matière constitutive de la graine, puisque la proportion d'eau peut y atteindre le chiffre énorme de 70 $^\circ/_\circ$.

Cette eau est sans doute destinée à jouer un rôle multiple :

D'abord celui de dissolvant propre à faciliter, dans la graine, l'élaboration des principes qui viennent y compléter leur organisation définitive ;

Lorsqu'ensuite une partie de cette eau s'évapore, sous l'influence d'une transpiration activée par la température de l'été, il tend à se produire un vide qui doit appeler et retenir, dans le grain, une nouvelle quantité des matériaux dont il doit définitivement se composer.

Il est aisé de comprendre que, par suite d'une série de transports *mécaniques* successifs de cette nature, favorisant d'ailleurs le jeu *physiologique* des organes de la plante, la proportion des matières solides contenues dans le grain puisse s'élever, de 25 ou 30 $^\circ/_\circ$ qu'elle était d'abord, jusqu'à 70 ou 72 à l'époque de la moisson.

Le ralentissement de cette évaporation peut amener un ralentissement dans le transport et, par suite, dans la maturité ; c'est ce qui arrive habituellement lorsque le temps devient humide quelques semaines avant la moisson.

NOTES ADDITIONNELLES.

I.

TIGES ATROPHIÉES.

Chaque grain de blé qui germe donne ordinairement naissance à plusieurs tiges par le tallage. Pendant le développement d'une touffe, toutes les tiges n'ont pas le même sort, ne parviennent pas au même degré de prospérité : les unes parcourent successivement et avec régularité toutes les phases de leur développement ; les autres, en assez grand nombre, sont arrêtées avant le terme, par diverses causes, dans leur évolution végétative, mais après avoir acquis des développements différents.

Parmi ces dernières, il en est chez lesquelles il ne se développe que deux ou trois maigres feuilles, puis le développement s'arrête tout-à-fait ; dans d'autres, on voit un rudiment de tige de quelques centimètres de longueur ; d'autres, enfin, arrivent presque à la phase de l'épiage, mais ne peuvent la franchir et se flétrissent avant d'y parvenir.

Quelles que soient les causes de cet arrêt de développement, il m'a paru intéressant de suivre la composition de ces tiges imparfaites à nos diverses époques d'observation.

J'ai consigné les résultats de cet examen spécial dans les deux tableaux ci-après :

**Composition générale des tiges atrophiées, par kilogramme
de matière sèche.**

NATURE DES SUBSTANCES.	11 MAI 1864.	3 JUIN.	22 JUIN.	6 JUILLET.	25 JUILLET.
	gr.	gr.	gr.	gr.	gr.
Matières organiques combustibles ou volatiles	856,88	851,31	844,11	906,04	914,34
Azote en combinaison	35,96	19,18	16,86	15,27	14,07
Acide phosphorique	6,94	4,08	1,28	2,45	2,94
Chaux	13,42	13.85	7,30	8,53	10,16
Magnésie.	1,88	1,69	0,37	0,53	1,28
Potasse.	11,20	4,65	2,66	1,87	1,10
Soude	9,29	5,99	5,06	4,30	2,60
Silice.	43,97	92,05	101,01	47,96	44,34

Composition générale des tiges atrophiées, par hectare.

NATURE DES SUBSTANCES.	11 MAI 1864.	3 JUIN.	22 JUIN.	6 JUILLET.	25 JUILLET.
	kil.	kil.	kil.	kil.	kil.
Poids total par hectare. . . .	76,07	68,91	135,05	180,87	165,43
Matières organiques combustibles ou volatiles	65,18	58,66	114,00	163,87	151,26
Azote en combinaison	2,74	1,32	2,28	2,76	2,33
Acide phosphorique	0,53	0,28	0,17	0,44	0,49
Chaux	1,02	0,95	0,99	1,54	1,68
Magnésie.	0,14	0,12	0,05	0,10	0,21
Potasse.	0,85	0,32	0,36	0,34	0,18
Soude	0,71	0,41	0,68	0,78	0,43
Silice.	3,33	6,34	13,64	8,68	7,34

Dans les tableaux qui précèdent, nous voyons diminuer graduellement la proportion de l'azote et celle de l'acide phosphorique ; mais le poids total par hectare de chacune de ces substances ne suit pas la même marche de diminution, parce que le poids des tiges atrophiées est plus considérable dans les dernières observations que dans les premières et qu'il s'établit ainsi une compensation.

Les proportions de soude et de potasse éprouvent, dans les tiges avortées, une diminution rapide et successive, et il en est de même du poids total de ces substances; mais la diminution marche plus rapidement pour la potasse que pour la soude.

Il importe d'ajouter, en faveur de cette tendance à la diminution dans les proportions et dans le poids total de certains éléments constitutifs, qu'elle est réellement plus considérable qu'elle ne le paraît ici, parce que, dans les premières observations, beaucoup de tiges, dont la réussite était encore douteuse, n'ont pas été comprises parmi les tiges avortées, tandis que, dans les trois dernières observations, le doute n'étant plus possible, bon nombre d'anciennes tiges douteuses ont été classées définitivement parmi les tiges atrophiées, dont elles ont beaucoup augmenté le poids.

La diminution graduelle du poids total des éléments les plus importants (azote, acide phosphorique, potasse) conduit à penser que les grandes tiges, les tiges normales, ont dû vivre, au moins en partie, aux dépens des petites, et gêner ainsi le développement de ces dernières et être une des causes plus ou moins actives de leur atrophie.

II.

LA SILICE ET LA VERSE DES BLÉS.

On s'est beaucoup préoccupé, depuis une trentaine d'années, des moyens de prévenir la verse des blés, ou du moins de la rendre plus rare, en donnant aux tiges plus de solidité.

On demande actuellement tant de choses à la chimie que nous ne devons pas être étonnés qu'on ait essayé, cette fois encore, de lui faire quelques emprunts au profit de l'agriculture.

On avait depuis longtemps constaté que, dans les cendres de la paille du blé, il existe une proportion considérable de *silice;* et, comme il est reconnu que la silice peut communiquer une grande *dureté* aux parties des plantes qui la contiennent en abondance (1), on s'est tout naturellement trouvé conduit à attribuer à cette silice une grande influence sur la *rigidité* du chaume du blé.

D'inductions en inductions, on avait été amené à penser que le blé serait d'autant moins exposé à verser que sa paille serait plus riche en silice; de là l'idée de chercher, par tous les moyens possibles, à fournir au sol de la silice plus ou moins soluble, plus ou moins assimilable.

C'est ainsi que nous avons vu apparaître l'engrais de M. de Sussex, dans lequel abondait la silice gélatineuse ;

C'est encore sur cette même idée qu'est fondé l'emploi du *feldspath* en poudre, plus ou moins désagrégé sous les influences atmosphériques, etc.

Je me permettrai de faire, au sujet de cette interprétation des ré-

---

(1) C'est particulièrement dans la cuticule ou dans les couches épidermiques que se trouve accumulée la silice dans les plantes; cette accumulation est quelquefois tellement considérable que les instruments destinés à battre ou à couper la paille des céréales en sont rapidement usés.

Les feuilles de certaines plantes sont rendues assez dures, par la présence de la silice, pour qu'on puisse s'en servir pour polir le bois et même les métaux.

sultats de l'analyse chimique, une observation dont la vérité ne se manifeste que trop souvent dans la pratique.

Une analyse peut être rigoureusement exacte, irréprochable en elle-même et donner lieu à des interprétations fausses, parce qu'on se sera placé à un point de vue plus spécial que celui de l'analyste, dans les applications qu'on fait de son travail, surtout si l'on doit se baser sur des résultats *moyens*.

Rien n'est plus trompeur qu'une moyenne, quand on en veut faire une application spéciale et déterminée, si cette moyenne est déduite de résultats très-différents les uns des autres. La paille de blé, par exemple, se compose de parties très-diverses, telles que *feuilles, nœuds, entre-nœuds*.

La composition moyenne de la paille entière peut différer beaucoup de la composition chimique particulière de chacune de ces parties qui, d'ailleurs, doivent jouer des rôles distincts dans la rigidité de la tige.

D'ailleurs, il est un fait brutal dont l'explication ne serait pas facile à donner, dans la théorie qui fait jouer un rôle si important à la silice dans la rigidité de la tige du blé : si l'analyse chimique a montré que la silice est abondante dans la composition moyenne des cendres de la paille de blé, l'analyse chimique a montré aussi qu'en général les blés qui ont le plus de chance de verser sont ceux dont la paille contient le plus de silice.

Faudrait-il conclure de là que la silice favorise la verse, au lieu de l'empêcher? Nous ne serions pas plus sages que ceux qui professent l'opinion diamétralement opposée.

Faudrait-il en conclure que l'analyse chimique nous induit en erreur dans les deux cas? Nous serions aussi peu raisonnables que si nous blâmions l'emploi des couteaux, parce qu'un maladroit ou un imprudent se sera coupé.

Que faire alors? Examiner les choses d'un peu plus près et ne pas tant nous hâter de tirer des conclusions particulières de faits très-généraux, ou des conclusions trop générales de faits particuliers.

Au lieu de considérer la paille du blé dans son ensemble, examinons-en séparément les diverses parties : feuilles, nœuds, entre-nœuds.

Il résulte de l'ensemble des recherches qui précèdent que ces diverses parties de la paille, *à toutes les époques de la vie de la plante*, peuvent être classées dans l'ordre suivant, d'après leur plus grande richesse en silice:

1° En première ligne, les *feuilles;*

2° En seconde ligne, et à une grande distance des feuilles, les *entre-nœuds;*

3° Enfin, en troisième ligne, les *nœuds* qui forment la partie de la paille la plus pauvre en silice, quoiqu'on ait bien souvent répété le contraire, sans doute parce qu'ils sont plus durs ou plus fermes que le reste de la tige.

Nous pouvons préciser davantage ces différences en disant : qu'*a poids égal, les feuilles contiennent sept à huit fois plus de silice que les nœuds, et quatre à cinq fois plus que les entre-nœuds;* que les entre-nœuds les plus pauvres en silice sont ceux de la partie moyenne et de la partie inférieure de la tige.

C'est donc dans les feuilles surtout que se trouve accumulée la majeure partie de la silice de la paille, et non dans la tige proprement dite; on comprend alors comment on peut voir verser un blé dont la paille est plus riche que celle d'un autre blé qui, dans des conditions analogues, ne verse pas.

Il est depuis longtemps reconnu que, toutes choses égales d'ailleurs, les blés les plus exposés à verser sont ceux chez lesquels les feuilles ont acquis le plus grand développement; si l'on fait un rapprochement entre ce fait et la plus grande accumulation de silice dans les feuilles, on ne sera plus surpris de voir que la paille d'un blé versé soit souvent plus siliceuse que celle d'un autre blé qui aura résisté aux causes de verse.

Il est même assez curieux de penser que, lorsqu'on rogne avant l'épiage les feuilles d'un blé trop fort, *on peut souvent prévenir la verse en privant le blé d'une partie de la silice que contiendrait la paille*, si elle n'eût pas été soumise à cette mutilation. Nous nous garderons bien d'en conclure que la diminution des chances de verse résulte nécessairement d'une soustraction de silice; nous nous bornerons à dire que, dans l'exemple précité, la soustraction d'une partie des feuilles a diminué les chances de verse, et nous laisserons la silice en dehors du débat.

Les blés les plus feuillus sont plus sujets à la verse pour deux raisons principales : la première, c'est que le pied de la tige, moins aéré, reste plus longtemps mou ; la seconde, c'est que les feuilles plus développées sont, pour ces tiges molles, un fardeau plus lourd à supporter, auquel viennent s'ajouter encore le poids de l'eau des pluies et la pression du vent.

De ce que la présence de la silice est souvent alors impuissante contre la verse, nous n'en devons pas conclure qu'elle ne puisse ou ne doive en rien contribuer à la rigidité de la paille : tout ce qui existe dans la nature a probablement sa raison d'être, seulement cette raison ne nous est pas toujours connue.

Les feuilles du blé ont une forme particulière ; elles se composent d'un *limbe* rubané qui flotte librement dans l'atmosphère, et d'une *gaîne* allongée qui, partant du nœud correspondant, enveloppe la tige sur une longueur d'environ 10 à 12 centimètres ; cette gaîne doit protéger la portion de tige qu'elle entoure comme le fourreau d'une épée en protége la lame, et, à ce point de vue, la silice peut avoir, dans la feuille où elle s'accumule, une influence utile. Mais, dans les blés exposés à la verse, le limbe qui surcharge la tige par son poids a subi un accroissement considérable, tandis que la gaîne protectrice de la tige n'a pas sensiblement varié dans ses dimensions ; l'équilibre naturel tend donc à se rompre, par suite de cette luxuriante végétation, malgré la présence d'une plus forte proportion de silice dans la plante.

Mais s'il ne semble plus guère permis d'avoir une aussi grande confiance dans l'efficacité des engrais ou amendements capables de fournir à nos blés de la silice soluble, en vue de donner aux tiges plus de rigidité, quels moyens, quels ingrédients chimiques pourrait-on employer pour diminuer les chances de verse ou pour en atténuer les effets ? Je ne répondrai pas que les blés des terres maigres ne versent presque jamais, en donnant aux cultivateurs le conseil de se placer dans de pareilles conditions : la question est trop grave pour qu'il soit permis d'y répondre par une mauvaise plaisanterie. Cependant, il est bien permis de se demander sérieusement pourquoi ces chétives récoltes craignent moins la verse que ces récoltes à pleine faulx qui sont tout à la fois l'orgueil et le souci du bon cultivateur.

Je ne voudrais pas, en faisant tomber une illusion, contribuer à en propager une autre; mais il paraît évident pour tout le monde que, moins ombragé par ses feuilles, le pied de ces maigres tiges est mieux aéré et, par suite, moins longtemps aqueux, plus tôt dur et plus résistant. Si les exigences de notre agriculture moderne ne permettent plus de se placer, sous tous rapports, dans de pareilles conditions, il est possible, du moins, sans nuire au rendement, d'espacer un peu plus les lignes et les tiges; cet espacement permet une circulation d'air plus facile et plus active qui, en diminuant l'humidité de ces tiges, en augmentera la résistance et la solidité.

Un jour, peut-être, la science pourra trouver un spécifique plus énergique et plus efficace; en attendant, cherchons à profiter des exemples qui nous sont offerts par la nature.

L'analyse, avons-nous déjà dit, d'accord avec la pratique, nous apprend que c'est dans la *cuticule* ou dans les couches épidermiques que se trouve accumulée la silice dans les plantes.

Nous avons vu aussi que certaines substances minérales s'accumulent dans les feuilles, et surtout dans les feuilles les plus anciennes de formation et les moins actives. Cette accumulation ne semble-t-elle pas faire pressentir que, si les substances dont il s'agit sont utiles à la plante, elles n'ont pas ou elles n'ont plus nécessairement besoin d'y exister en aussi grande abondance? Est-il bien permis de se fonder sur une pareille accumulation dans des organes extérieurs, dont elles finissent parfois par obstruer les vaisseaux séveux, pour admettre la nécessité de l'intervention de ces substances en proportions considérables afin d'assurer la prospérité de la végétation?

En un mot, pour restreindre ici la question à un seul de ses termes, il est permis de se demander *si la totalité de la silice qu'on trouve dans la paille et dans les balles du blé est d'une indispensable nécessité,* ou si une partie de cette silice ne serait pas *entraînée* en quantité surabondante par les alcalis avec lesquels elle se trouve habituellement combinée dans le sol (1).

(1) Dans les arbres, l'écorce est beaucoup plus riche en cendres que le bois; ne semble-t-il pas permis de penser que c'est dans cette partie de l'arbre que vont s'accumuler les substances minérales inutiles, celles dont la trop grande quantité pourrait être nuisible?

M. Gerber-Keller a soumis à l'analyse un très-grand nombre d'échantillons de terrains des cantons jurassiques de la Suisse. Dans plusieurs de ces échantillons, où le blé prospérait d'ailleurs parfaitement, il y avait à peine 2 à 3 pour 100 de silice, et cette substance s'y trouvait à l'état de fragments de quartz hyalin ou de quartz laiteux amorphe de 1/8 à 1 millimètre de diamètre, peu propre à fournir au blé de la silice en abondance.

Je n'attacherai pas à ces faits une importance exagérée ; la question qui nous occupe, et en général celles qui se rattachent aux substances indispensables, utiles ou indifférentes que l'analyse peut faire découvrir dans les plantes, est une question trop grosse et trop complexe pour être traitée ici d'une manière incidente. J'espère y revenir bientôt.

REPRÉSENTATION GRAPHIQUE DES RÉSULTATS OBTENUS.

Pour faciliter l'étude des nombreux résultats numériques auxquels ce travail m'a conduit, et afin de permettre les comparaisons et les rapprochements auxquels ces diverses séries de résultats pourraient donner lieu, il fallait permettre de saisir dans son ensemble, et d'un seul coup-d'œil, la marche comparée des variations correspondantes, soit dans la *proportion,* soit dans le *poids total* de tel ou tel des éléments constitutifs de la plante ou de ses diverses parties.

Pour tâcher d'y parvenir, j'ai représenté *graphiquement* (pages 153 à 220) la marche de ces variations par des séries de courbes dont je vais essayer d'expliquer en peu de mots la construction :

Sur une ligne droite tracée au bas de chaque page, à partir d'un point situé à l'extrême gauche de la ligne, et marqué 11 *mai,* date de la première prise d'échantillons, j'ai compté des distances égales, destinées à représenter des jours, de telle sorte qu'un intervalle de cinquante jours, par exemple, soit représenté par une longueur quintuple de celle qui représente un intervalle de dix jours, et ainsi de suite ;

c'est ainsi qu'ont été définies, sur cette ligne, les indications des 3 et 22 juin, et celles des 6 et 25 juillet.

Perpendiculairement à cette première direction, j'ai tracé des lignes correspondant à chaque jour d'observation ; puis , sur ces lignes, à partir du point de départ inférieur , j'ai déterminé *des longueurs proportionnelles aux poids qu'il s'agissait de représenter*. (Ces poids sont exprimés en *grammes* dans les séries de courbes qui représentent les *proportions* de chaque substance contenue dans un kilogramme de matière sèche prise, soit dans la plante entière , soit dans ses différentes parties ; ils sont exprimés en *kilogrammes* dans les séries de courbes qui représentent le *poids total* de chaque substance rapporté à l'hectare.)

En joignant par un trait continu les extrémités supérieures de ces lignes qui se rapportent à *une même partie* de la plante (feuilles , nœuds , épis , ... premiers entre-nœuds , deuxièmes entre-nœuds , ... etc.), on obtient une ligne courbe continue qui peut servir à représenter la marche des variations de la proportion ou du poids total de la substance dont il s'agit, dans la partie de la plante que l'on considère.

Pour faciliter l'appréciation de ces poids , on les a inscrits , de distance en distance , sur celle des perpendiculaires qui correspond à l'origine des observations (11 mai) ; puis on a mené des parallèles dont chacune correspond à des points situés à la même hauteur, c'est-à-dire à des poids égaux de la substance dont il s'agit.

Pour obtenir, au moyen de ces représentations *graphiques*, le poids total ou la proportion d'une substance correspondant à une époque déterminée , il suffit de chercher cette époque sur la ligne inférieure , puis de s'élever perpendiculairement jusqu'à la courbe qui représente la variation du poids ou de la proportion de cette substance dans la partie de la plante qu'on a en vue ; la parallèle qui viendra passer par ce point de la courbe viendra rencontrer la perpendiculaire de gauche en un point qui donnera la mesure du poids cherché.

Pour faciliter les recherches de cette nature et éviter, autant que possible, des causes d'erreur, on a inscrit sur chaque courbe l'indication de la partie de la plante à laquelle elle se rapporte.

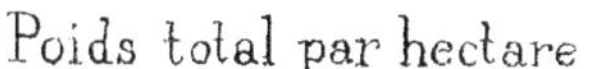

BLÉ

Poids total par hectare

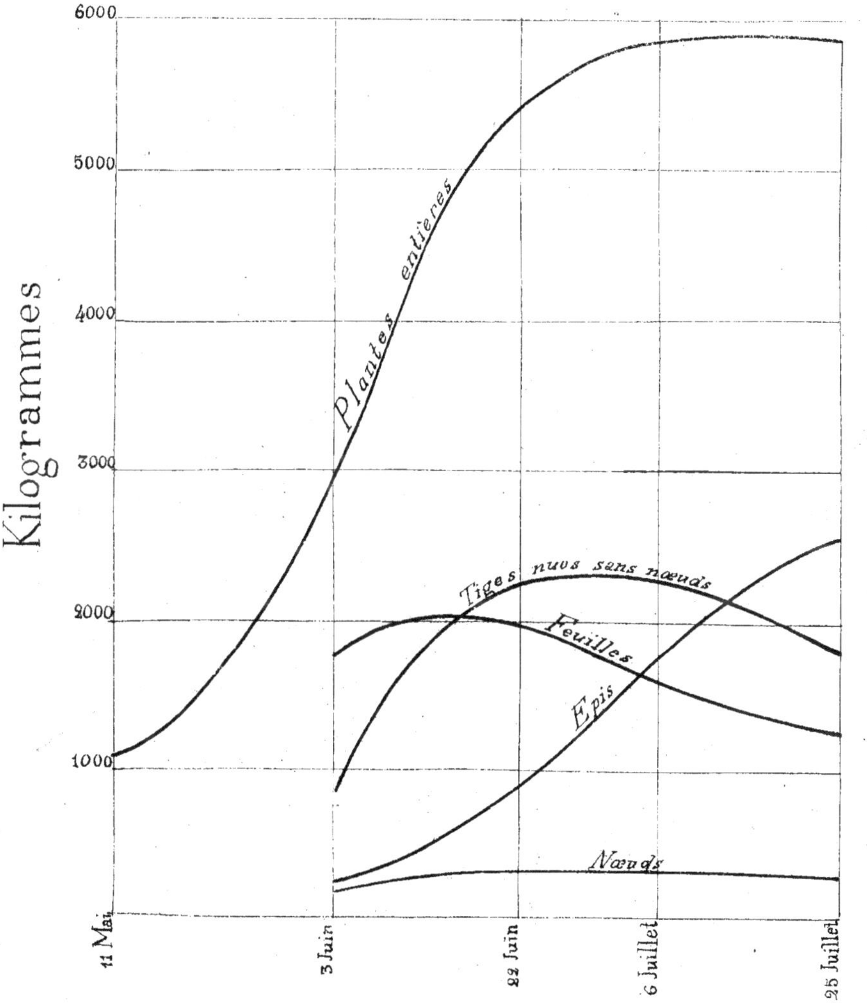

BLÉ
Azote par kilog

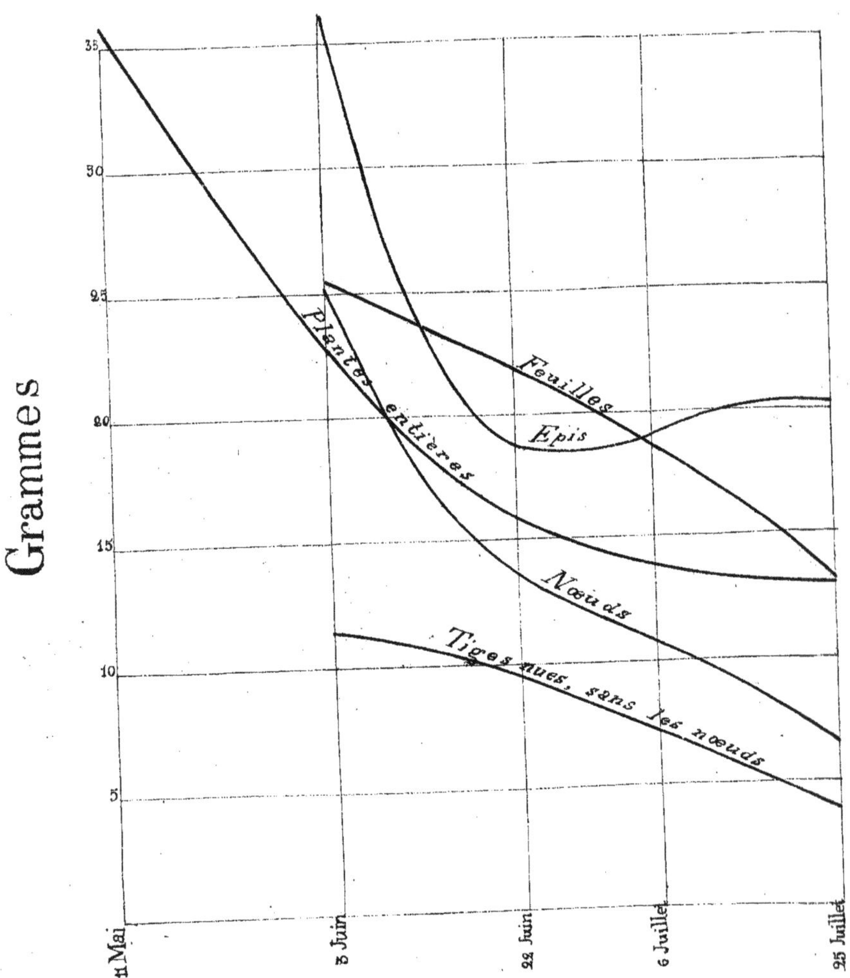

BLÉ
Azote par hectare
Kilogrammes
90
80
70
60
50
40
30
20
10
Plantes entières (non comprises les tiges douteuses ou atrophiées)
Feuilles
Epis
Tiges nues, sans les nœuds
Nœuds
11 Mai
3 Juin
22 Juin
6 Juillet
25 Juillet

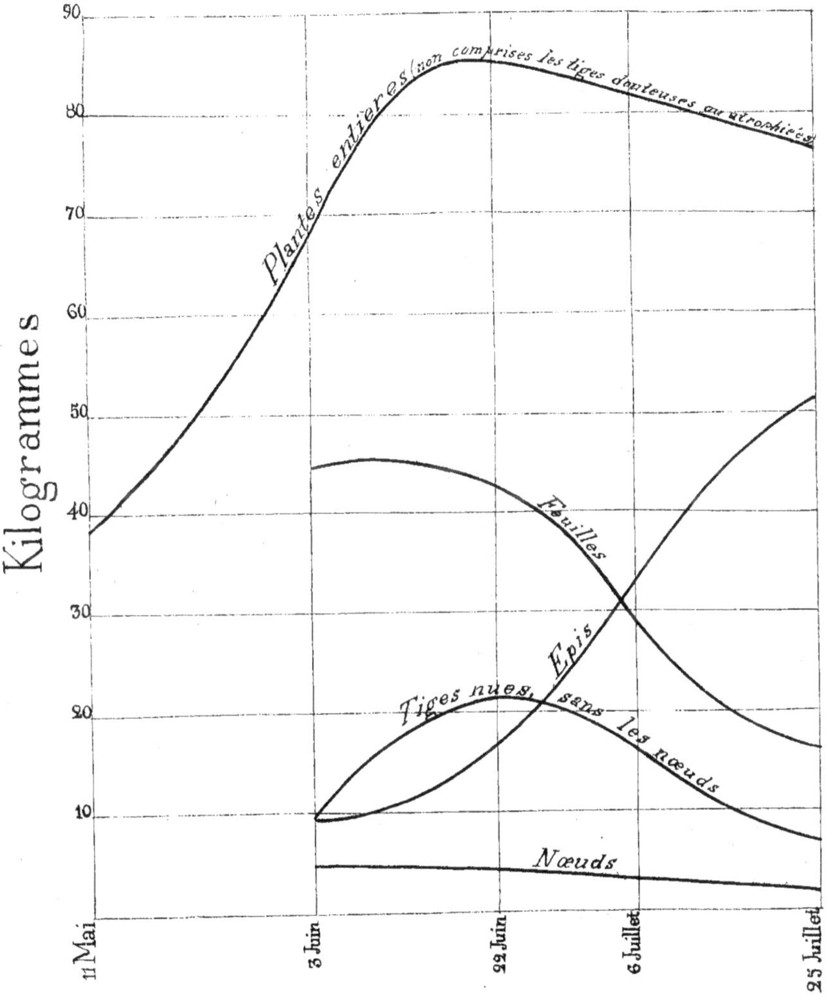

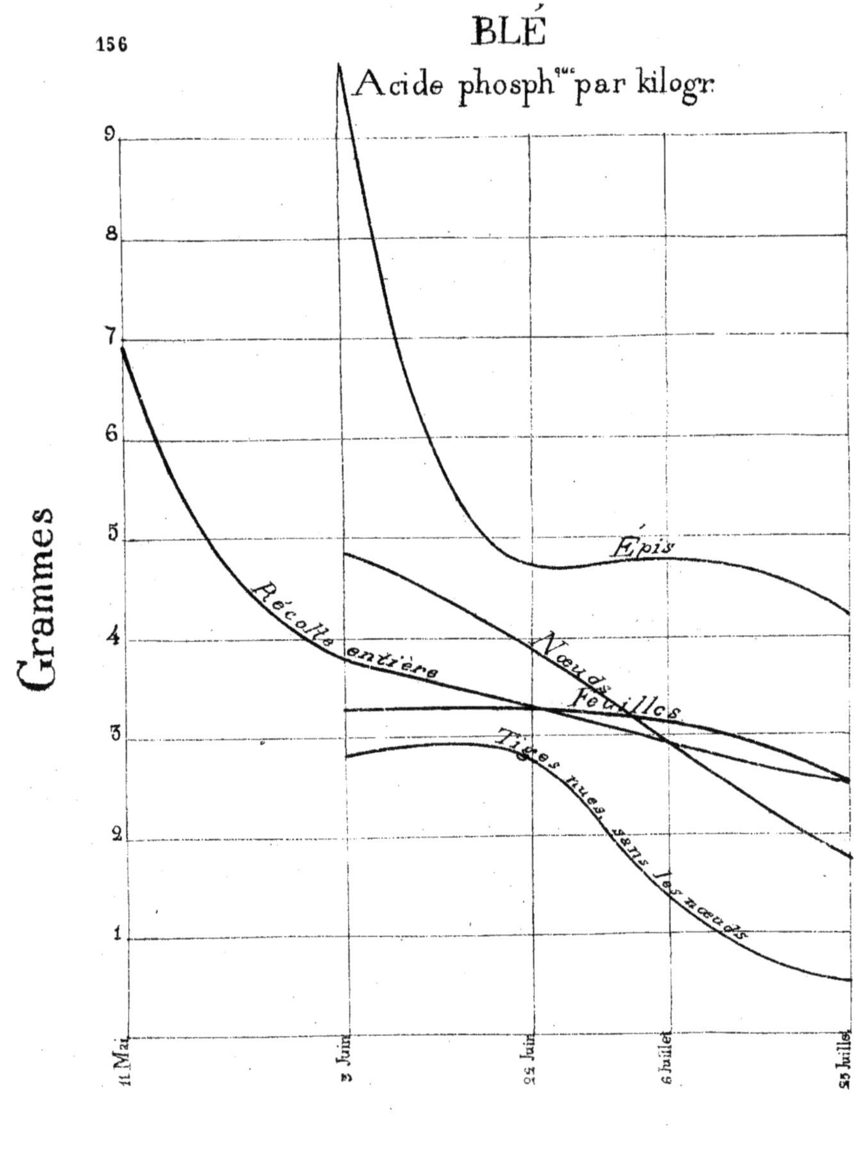
BLÉ
Acide phosph.que par kilogr.
Grammes
9
8
7
6
5
4
3
2
1
Épis
Récolte entière
Nœuds
Feuilles
Tiges nues sans les nœuds
11 Mai
3 Juin
23 Juin
9 Juillet
23 Juillet

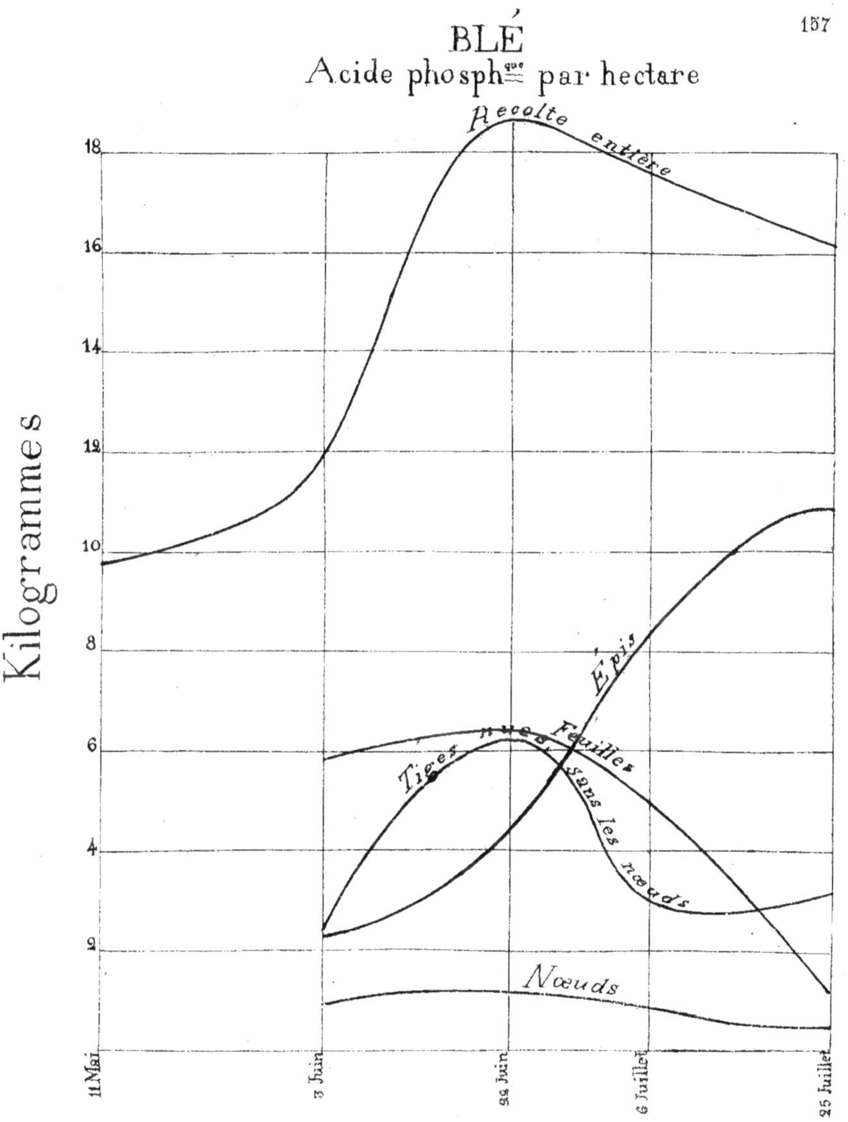

BLÉ
Acide phosph^que par hectare
Kilogrammes
Récolte entière
Épis
Tiges avec, Feuilles, sans les nœuds
Nœuds
18
16
14
12
10
8
6
4
2
11 Mai
3 Juin
23 Juin
6 Juillet
25 Juillet

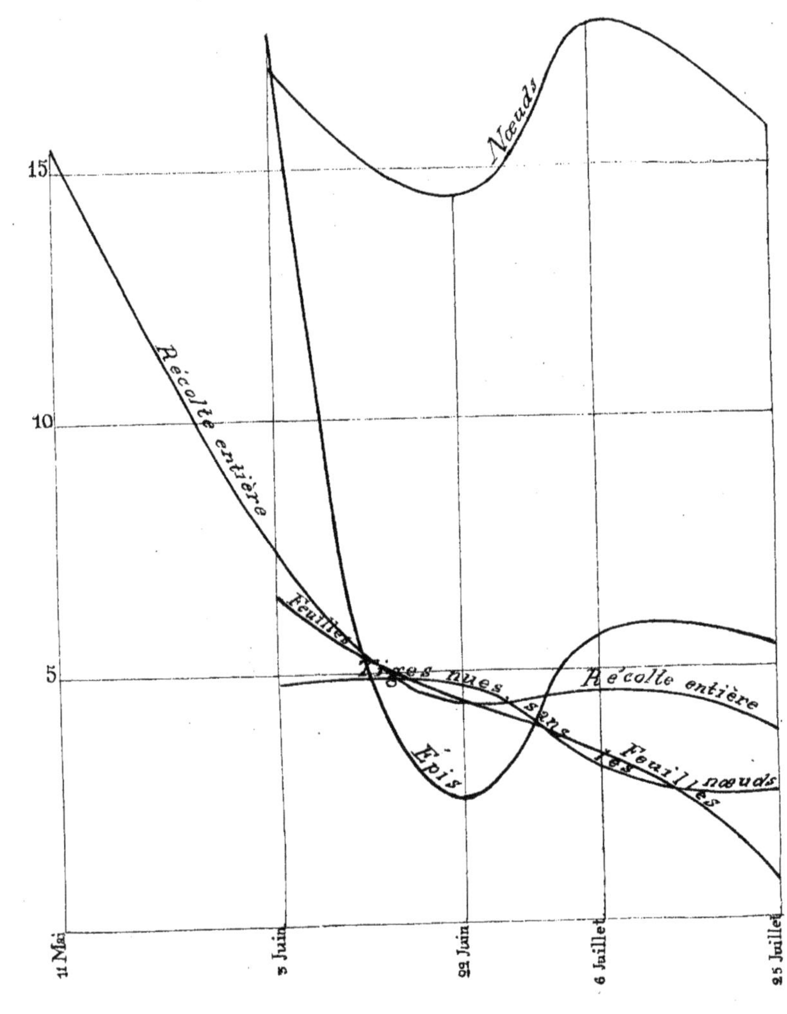
BLÉ
Potasse par kilogr.
158
Grammes
15
10
5
Nœuds
Récolte entière
Feuilles
Tiges nues
Récolte entière
Épis
Feuilles
nœuds
11 Mai
5 Juin
22 Juin
6 Juillet
25 Juillet

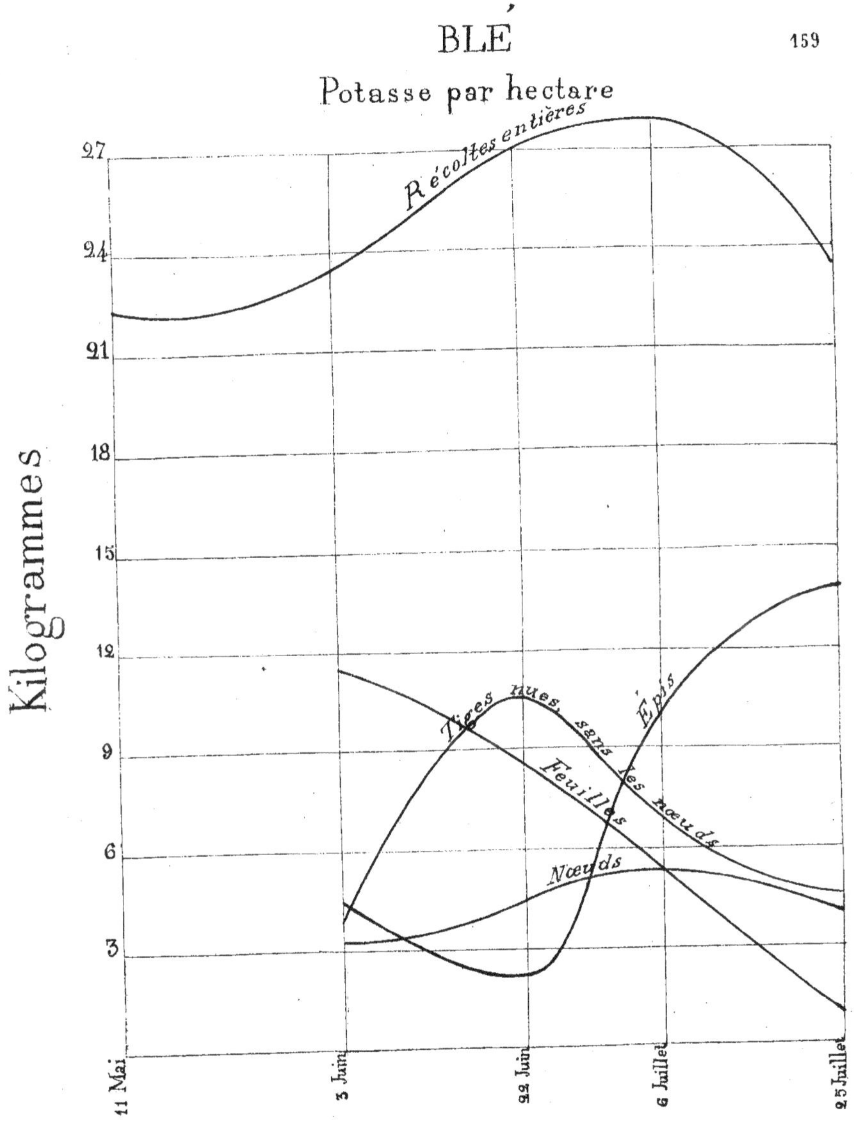

BLÉ
Potasse par hectare
Kilogrammes
27
24
21
18
15
12
9
6
3
Récoltes entières
Tiges nues, sans les nœuds
Épis
Feuilles
Nœuds
11 Mai
3 Juin
22 Juin
6 Juillet
25 Juillet

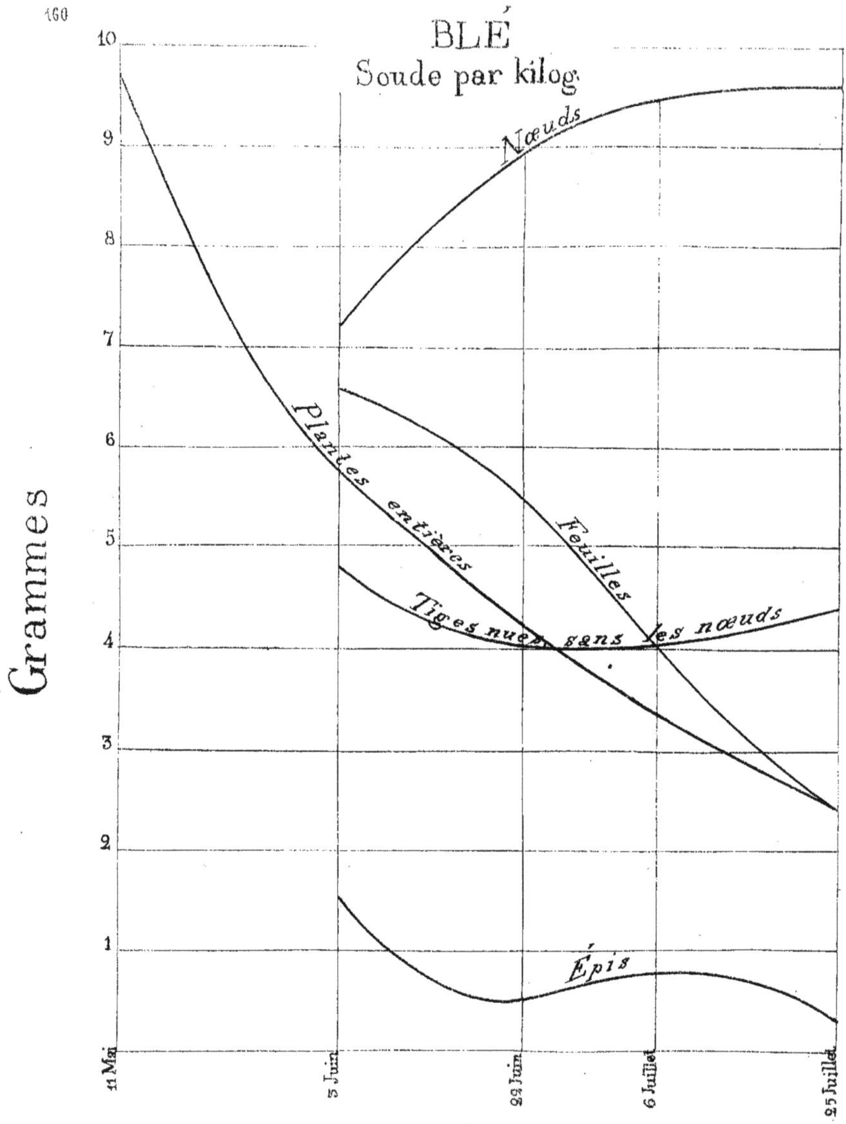
Grammes
BLÉ
Soude par kilog.
10
9
8
7
6
5
4
3
2
1
Nœuds
Plantes entières
Feuilles
Tiges nues sans les nœuds
Épis
11 Mai
5 Juin
29 Juin
6 Juillet
25 Juillet

BLÉ

Soude par hectare

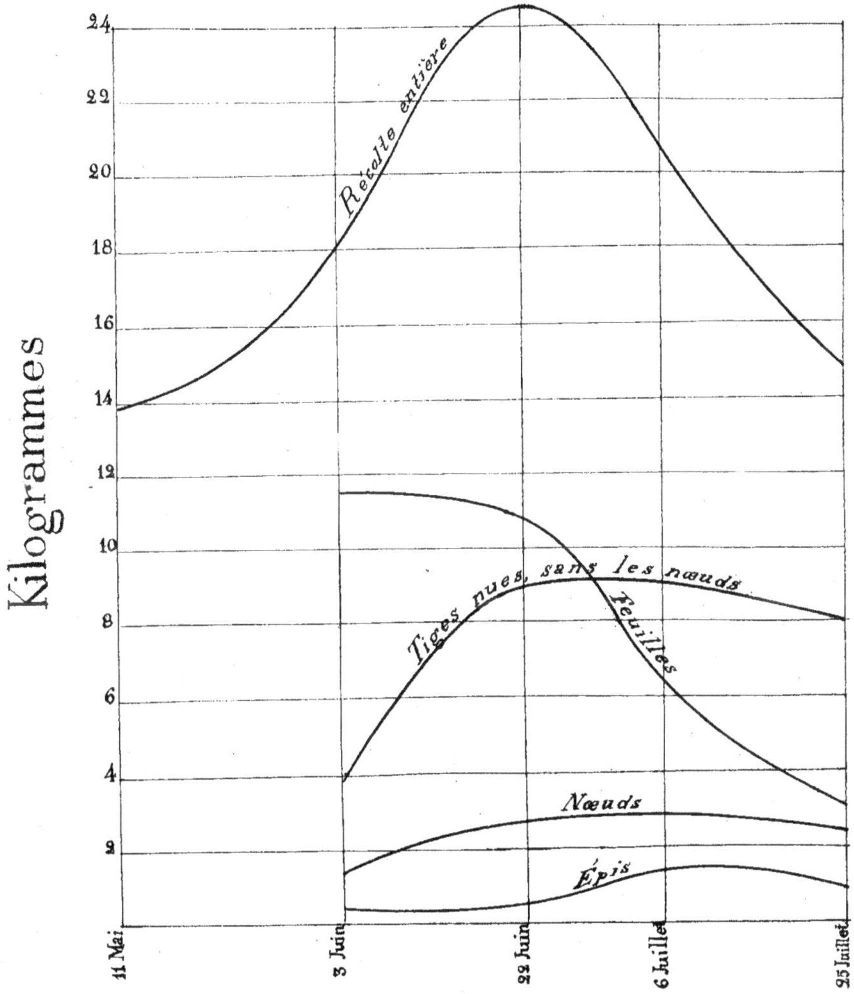

BLÉ

Rapport de la potasse à la soude

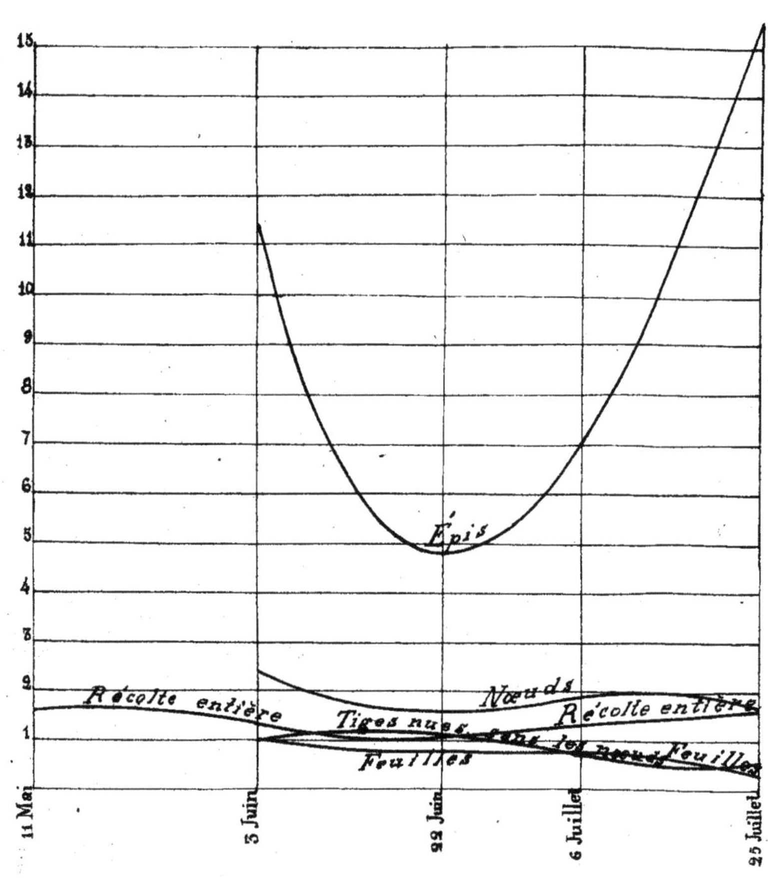

Chaux par kilog.

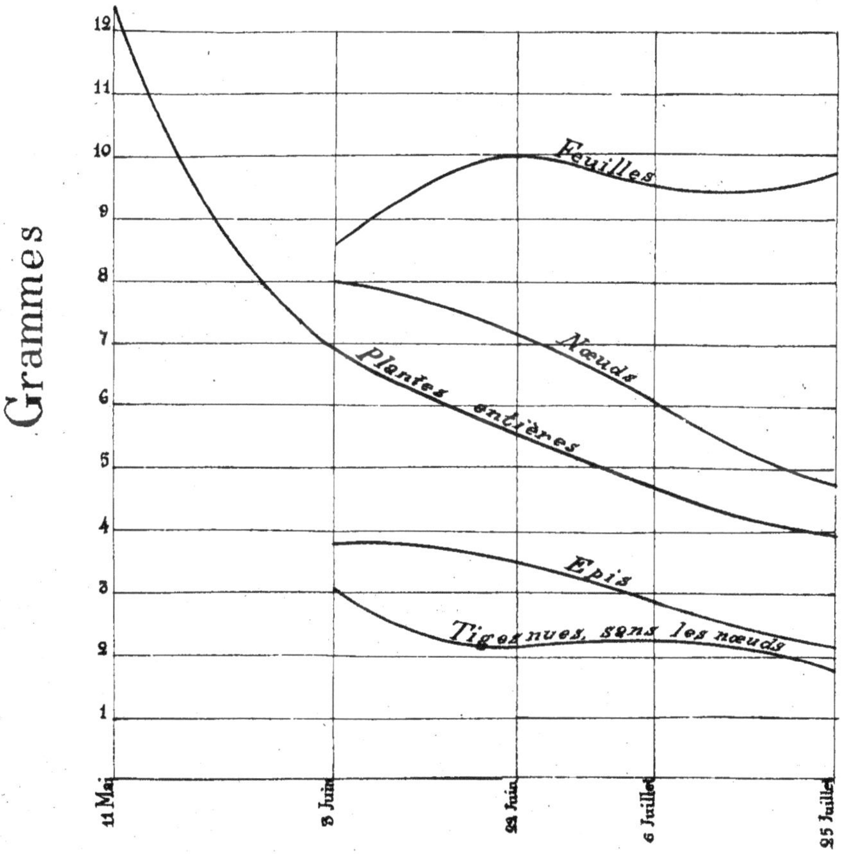

BLÉ
Chaux par hectare
Kilogrammes
30
25
20
15
10
5
Récolte entière
Feuilles
Tiges nues, sans les nœuds
Épis
Nœuds
11 Mai
3 Juin
22 Juin
6 Juillet
25 Juillet

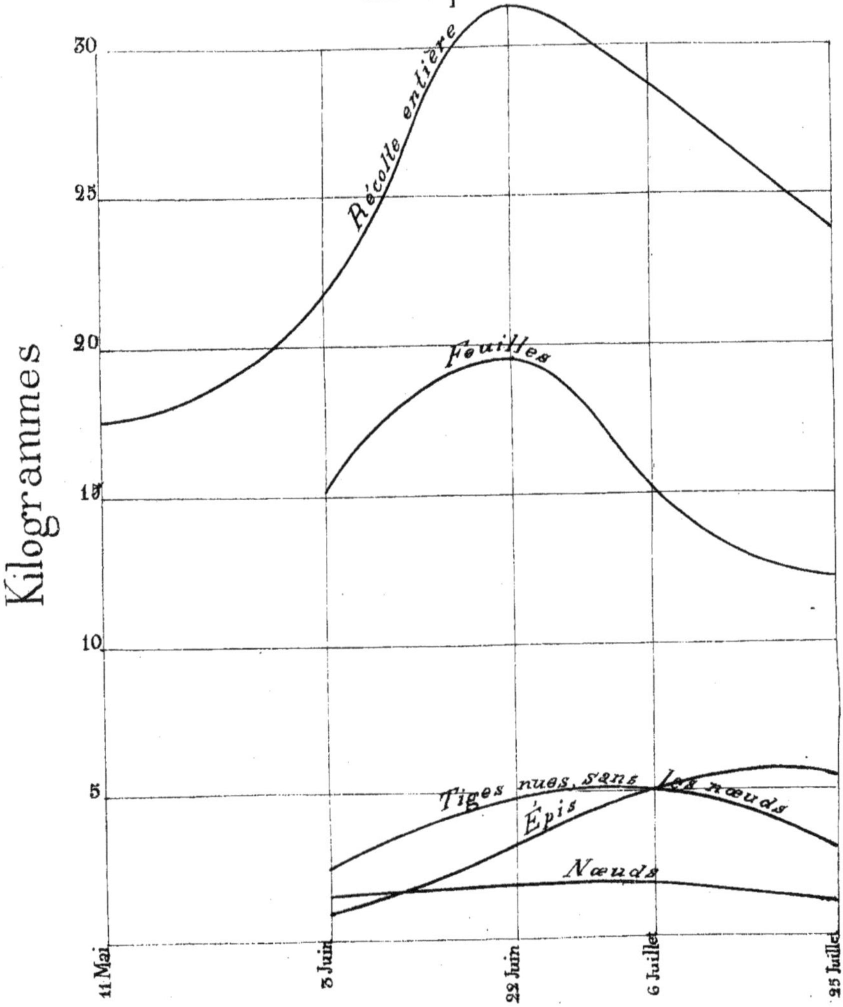

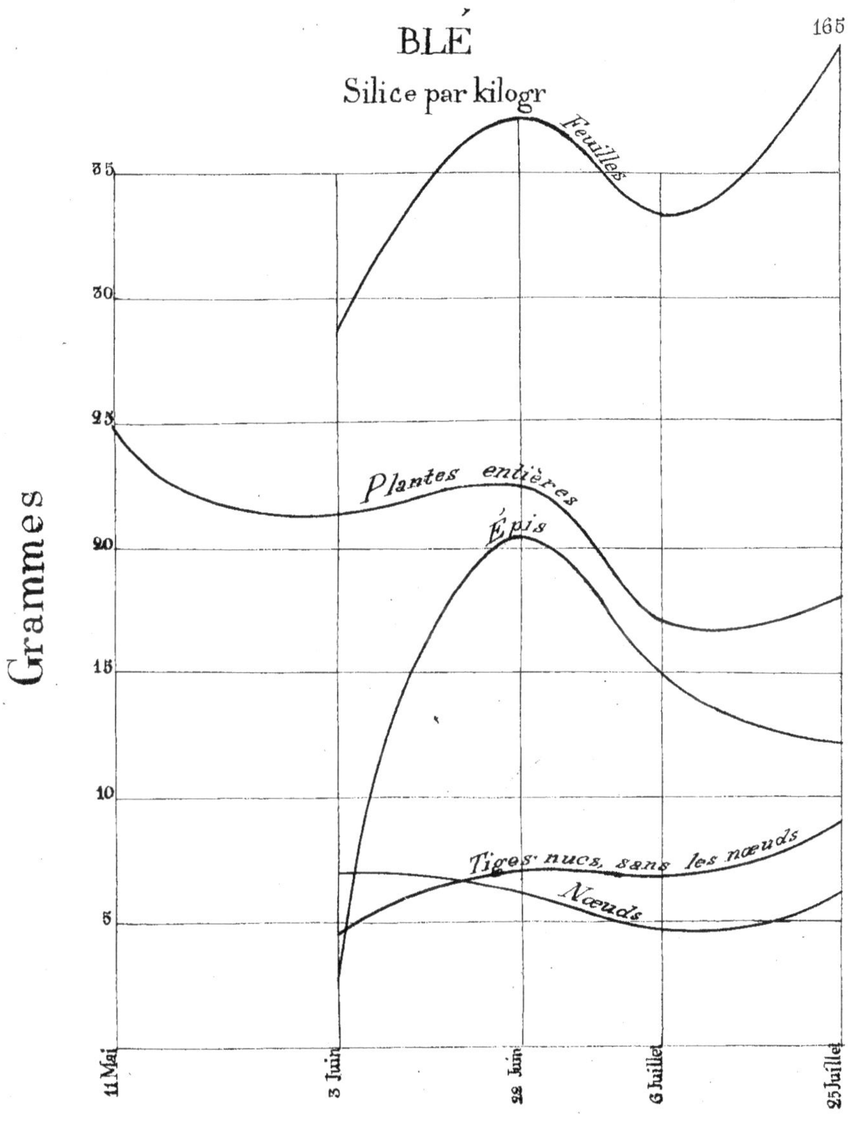

165
BLÉ
Silice par kilogr
Grammes
Feuilles
Plantes entières
Épis
Tiges nues, sans les nœuds
Nœuds
35
30
25
20
15
10
5
11 Mai
3 Juin
22 Juin
6 Juillet
25 Juillet

BLÉ

Silice par hectare

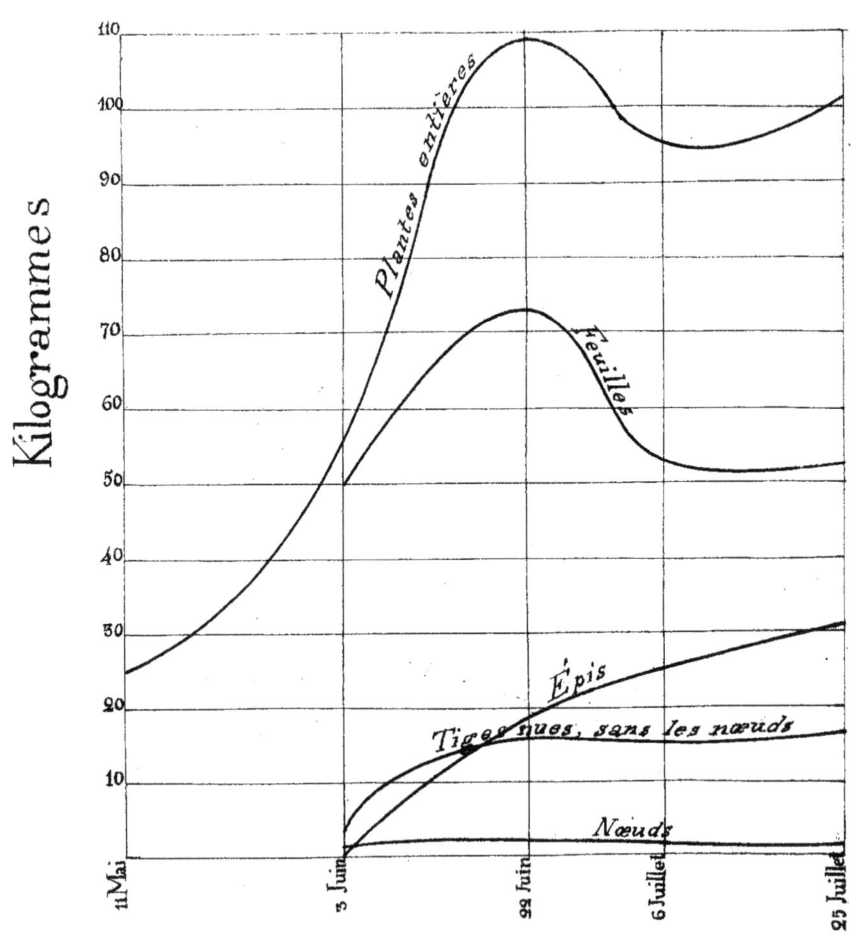

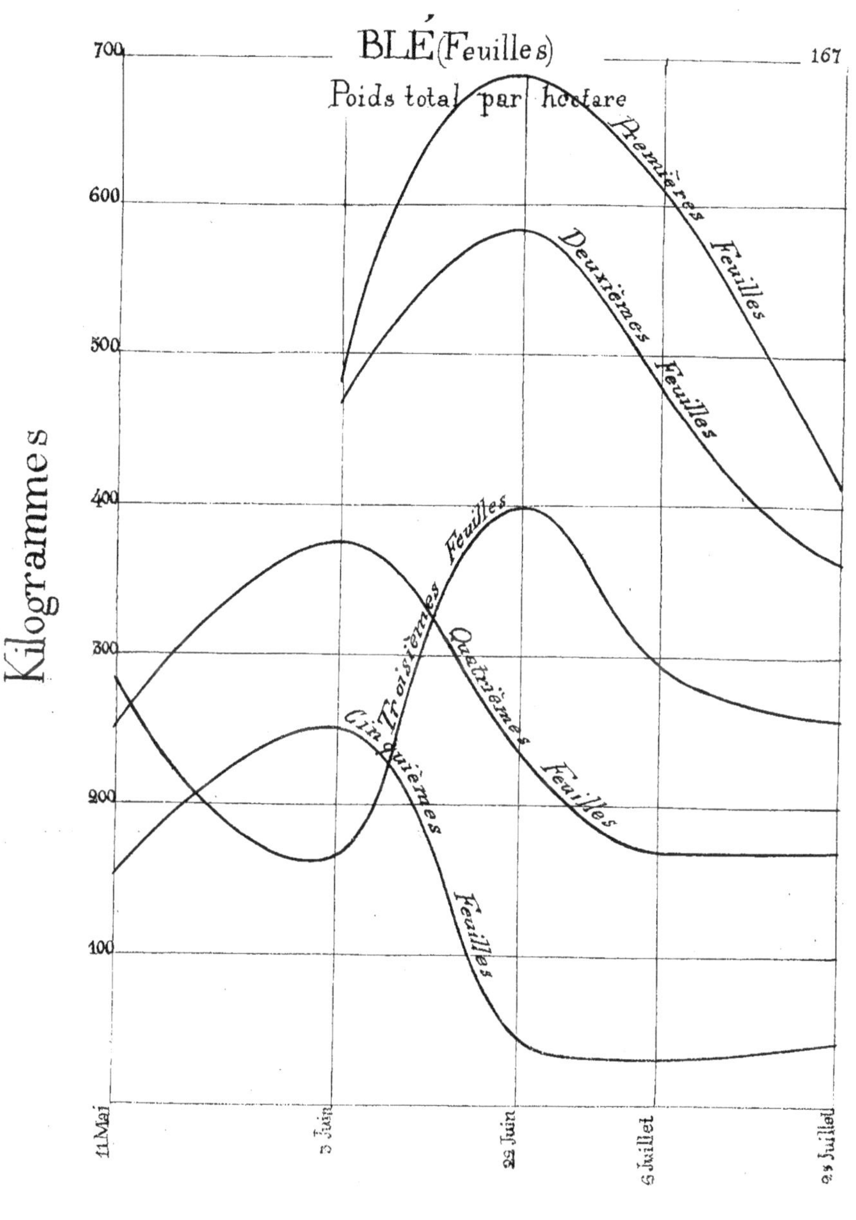

BLÉ (Feuilles)
Poids total par hectare
Kilogrammes
700
600
500
400
300
200
100
Premières Feuilles
Deuxièmes Feuilles
Troisièmes Feuilles
Quatrièmes Feuilles
Cinquièmes Feuilles
11 Mai
3 Juin
23 Juin
5 Juillet
25 Juillet

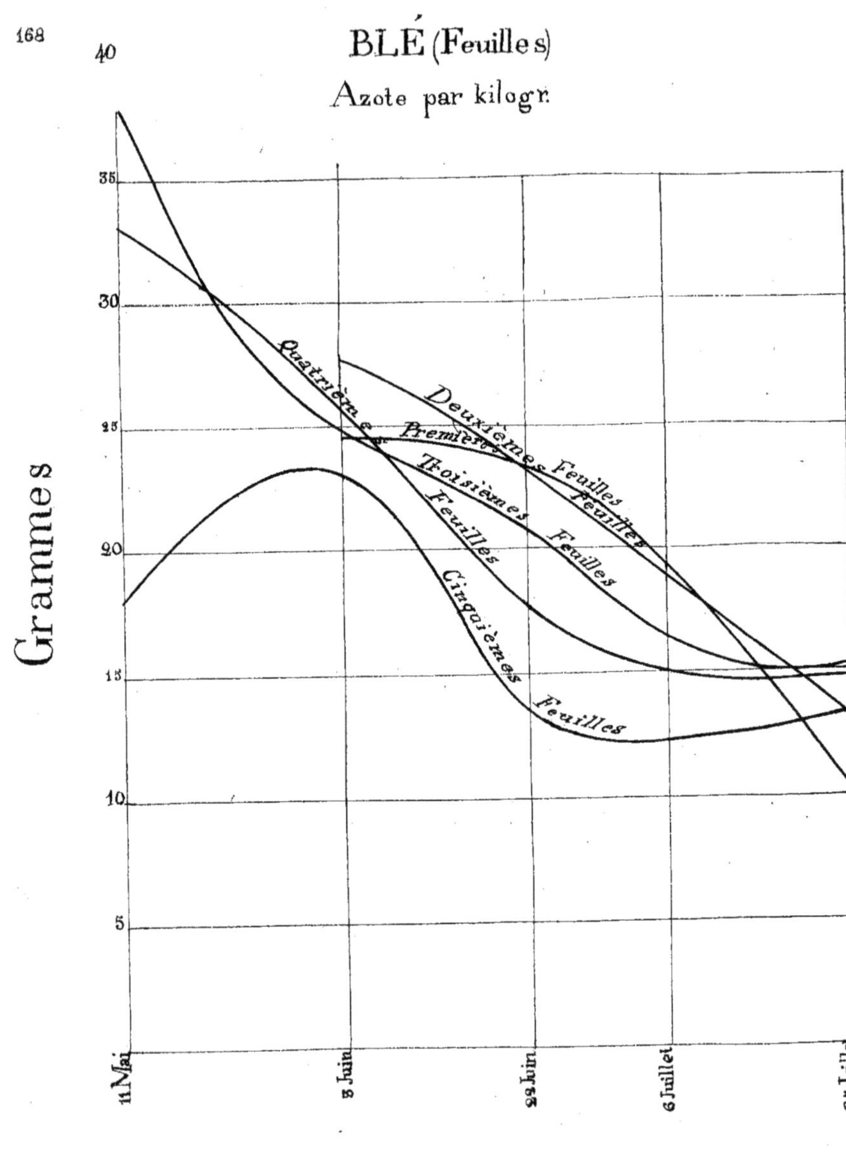

40
BLÉ (Feuilles)
Azote par kilogr.
Grammes
35
30
25
20
15
10
5
Quatrièmes
Deuxièmes Feuilles
Premières Feuilles
Troisièmes Feuilles
Cinquièmes Feuilles
11 Mai
3 Juin
23 Juin
6 Juillet
25 Juillet

BLÉ (Feuilles)
Azote par hectare

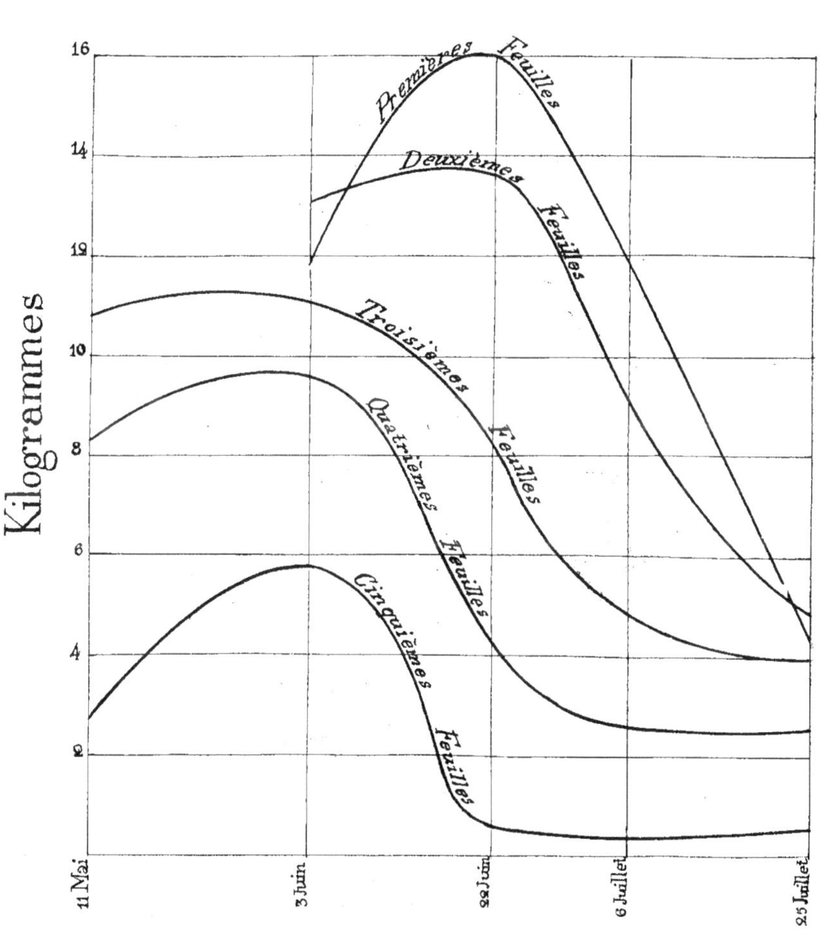

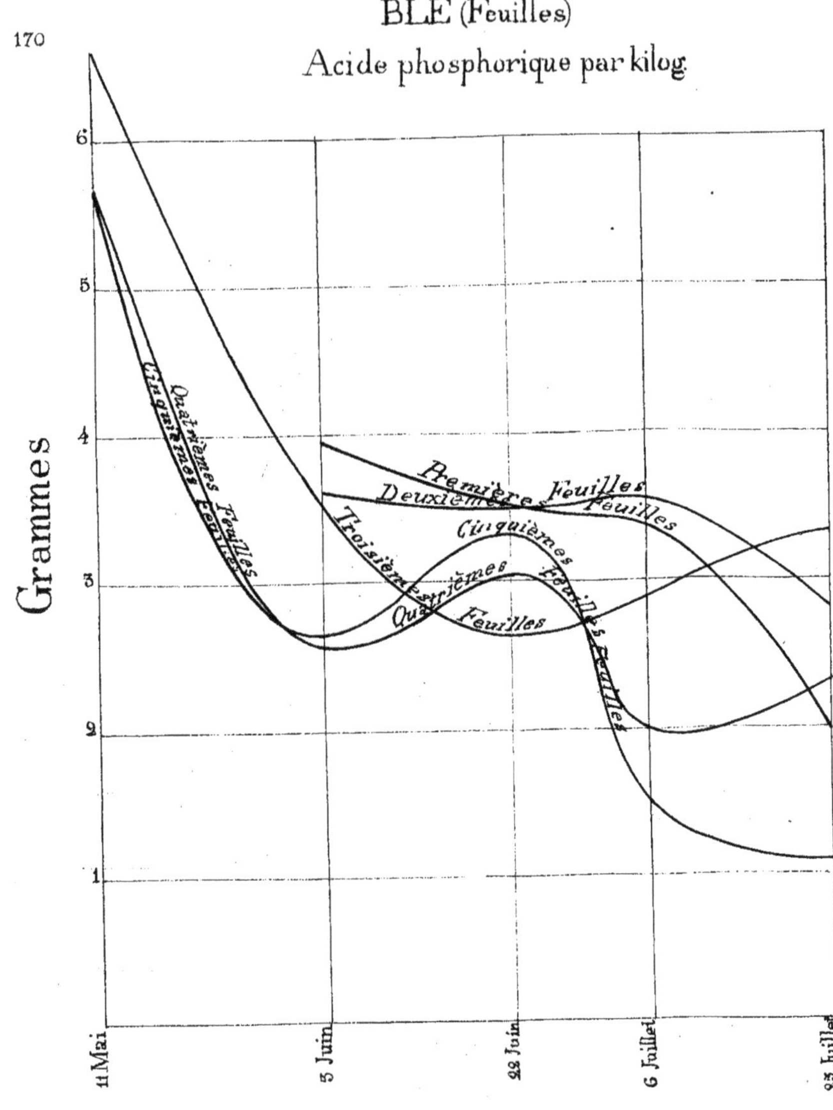

BLÉ (Feuilles)
Acide phosphorique par kilog.
Grammes
6
5
4
3
2
1
Première Feuilles
Deuxièmes Feuilles
Troisièmes Feuilles
Quatrièmes Feuilles
Cinquièmes Feuilles
11 Mai
5 Juin
22 Juin
6 Juillet
25 Juillet

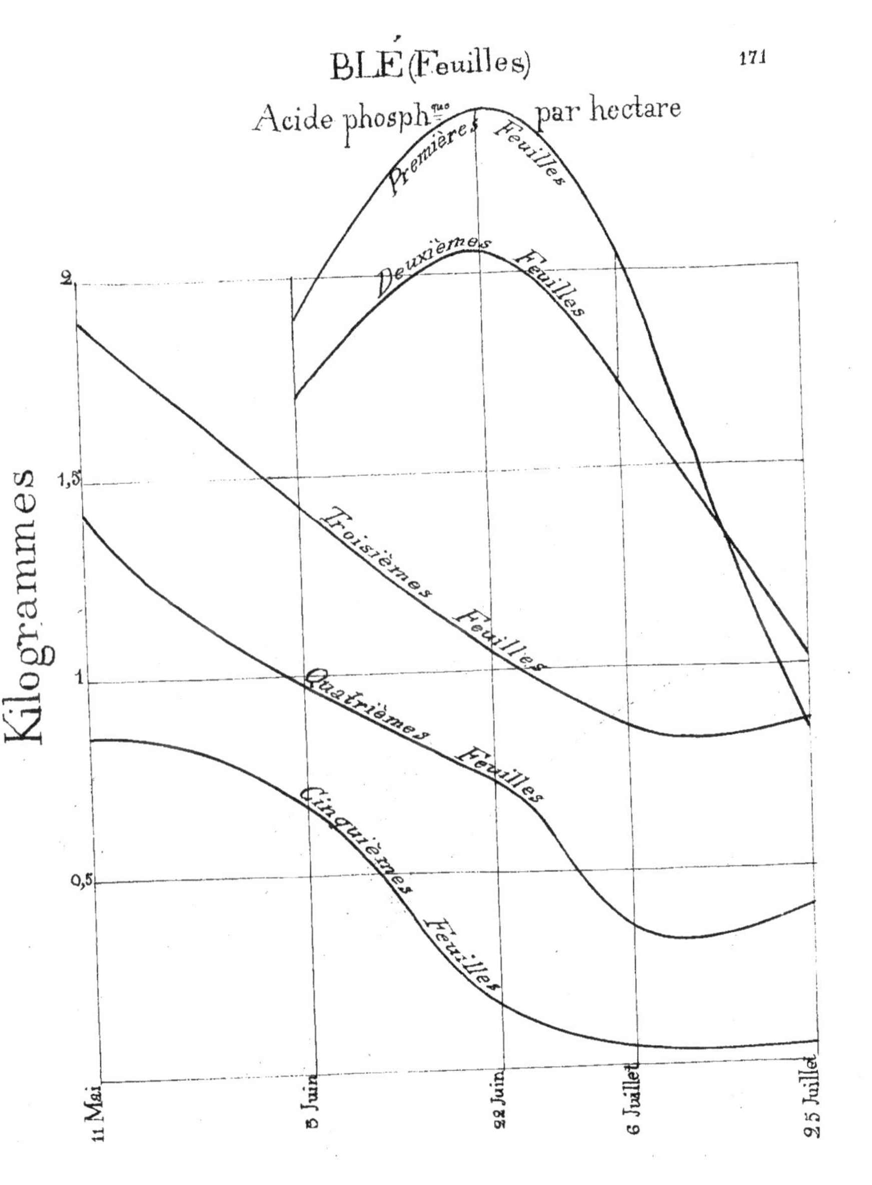
BLÉ (Feuilles)
Acide phosph.que par hectare
Premières Feuilles
Deuxièmes Feuilles
Troisièmes Feuilles
Quatrièmes Feuilles
Cinquièmes Feuilles
Kilogrammes
2
1,5
1
0,5
11 Mai
5 Juin
22 Juin
6 Juillet
25 Juillet

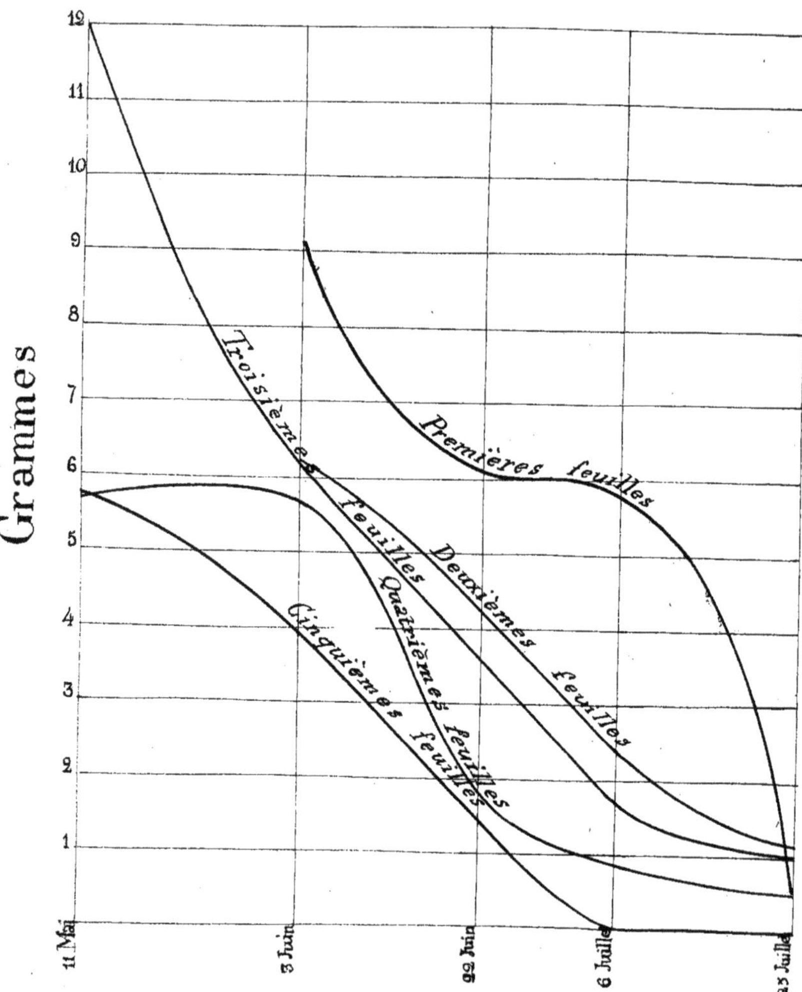
BLÉ (Feuilles)
Potasse par kilogr.
Grammes
12
11
10
9
8
7
6
5
4
3
2
1
Premières feuilles
Deuxièmes feuilles
Troisièmes feuilles
Quatrièmes feuilles
Cinquièmes feuilles
11 Mai
3 Juin
22 Juin
6 Juillet
25 Juillet

BLÉ (Feuilles)
Potasse par hectare

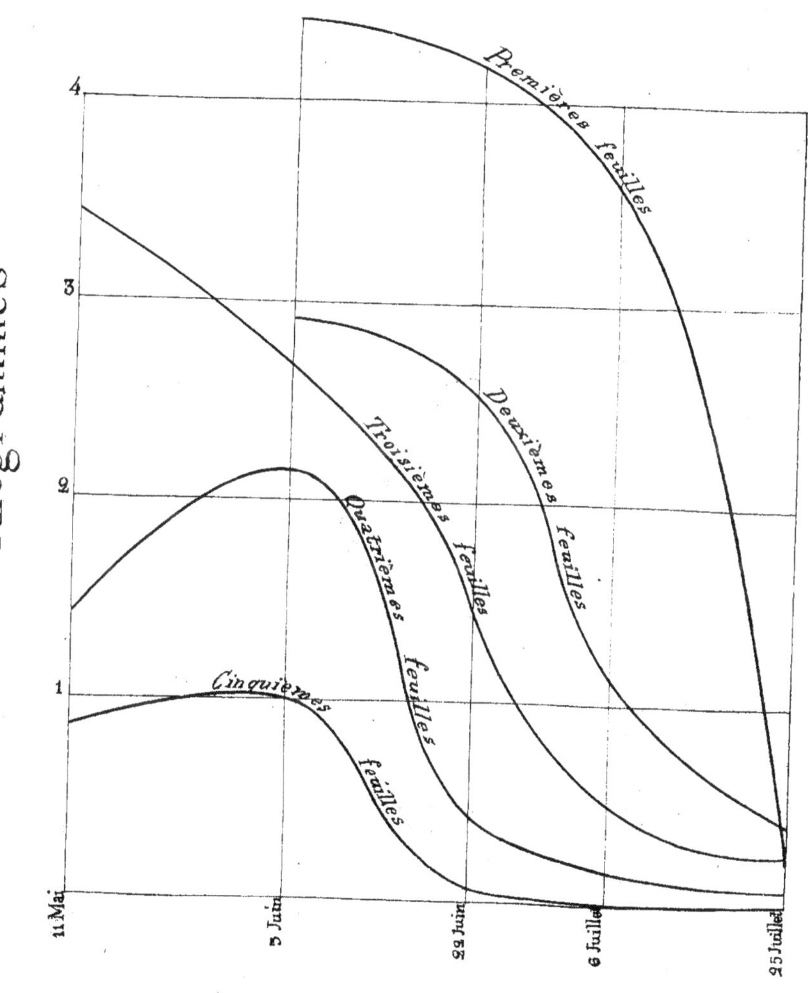

BLÉ (Feuilles)
Soude par kilogr.

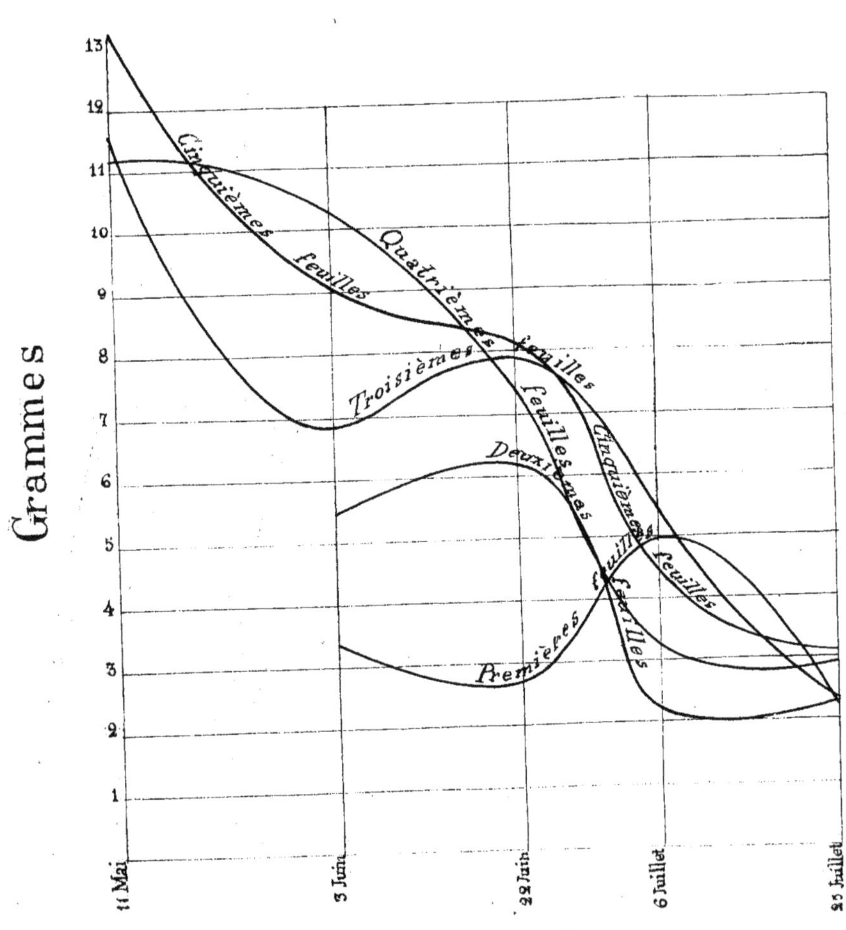

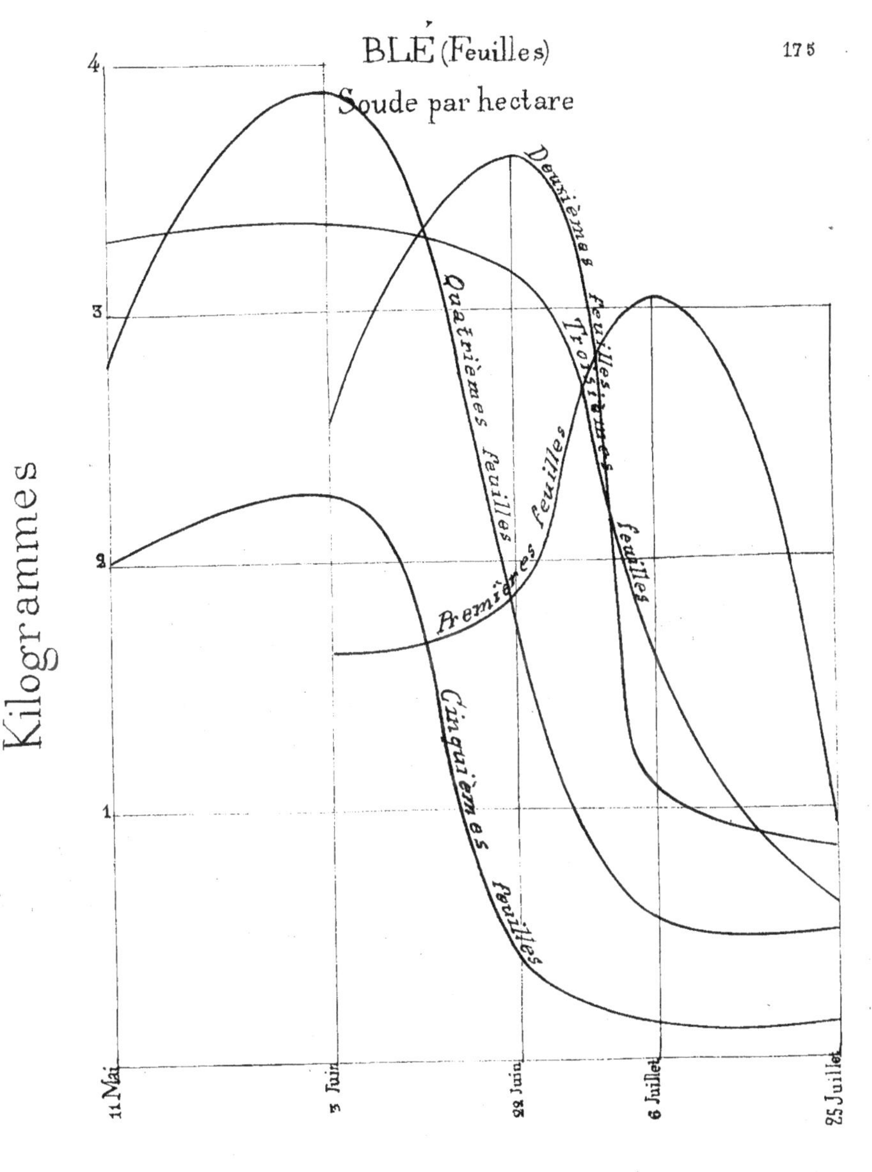

BLÉ (Feuilles)
Soude par hectare
Kilogrammes
4
3
2
1
Premières feuilles
Deuxièmes feuilles
Troisièmes feuilles
Quatrièmes feuilles
Cinquièmes feuilles
11 Mai
5 Juin
22 Juin
6 Juillet
25 Juillet

BLÉ (Feuilles)

Rapport de la potasse à la soude

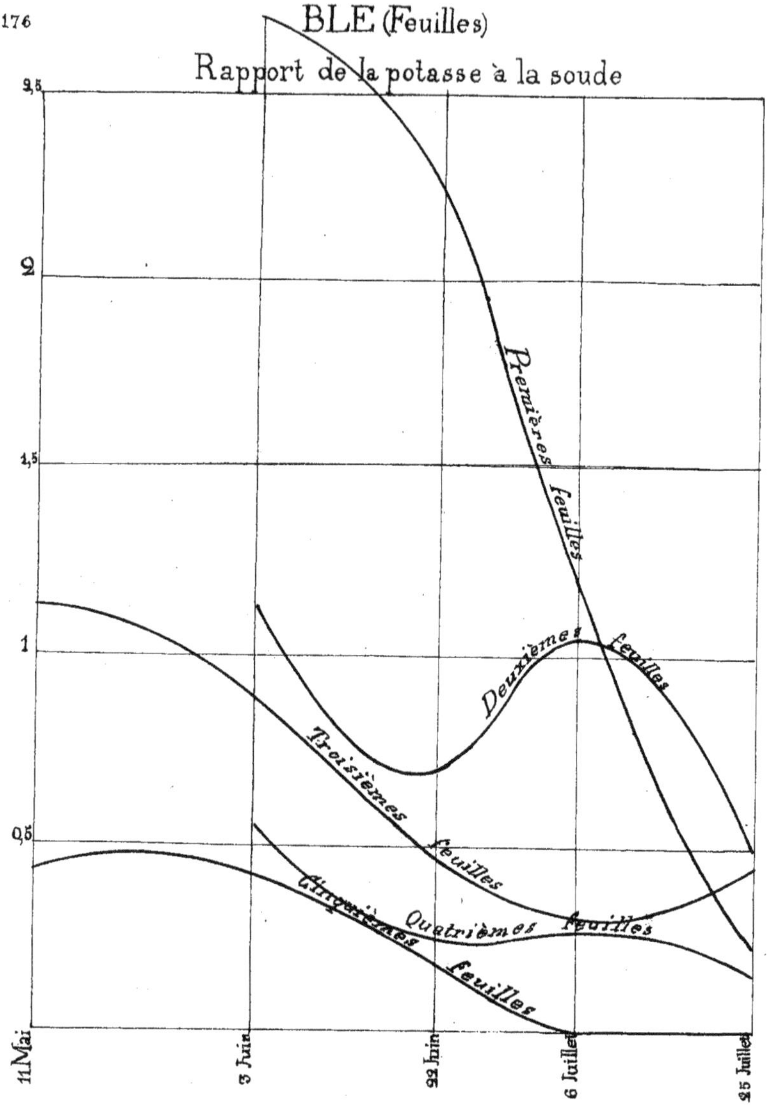

BLÉ (Feuilles)
Chaux par kilogr.

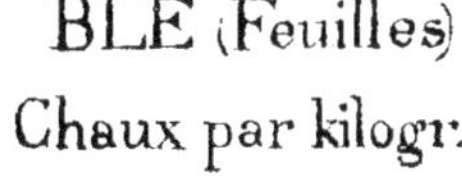

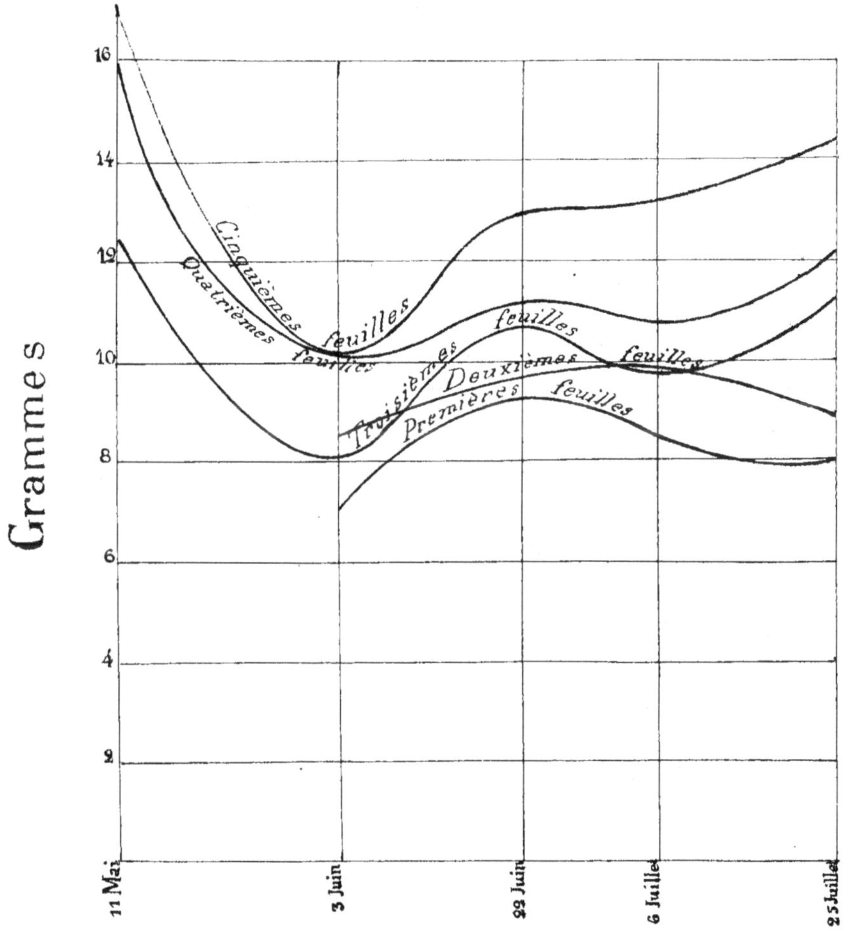

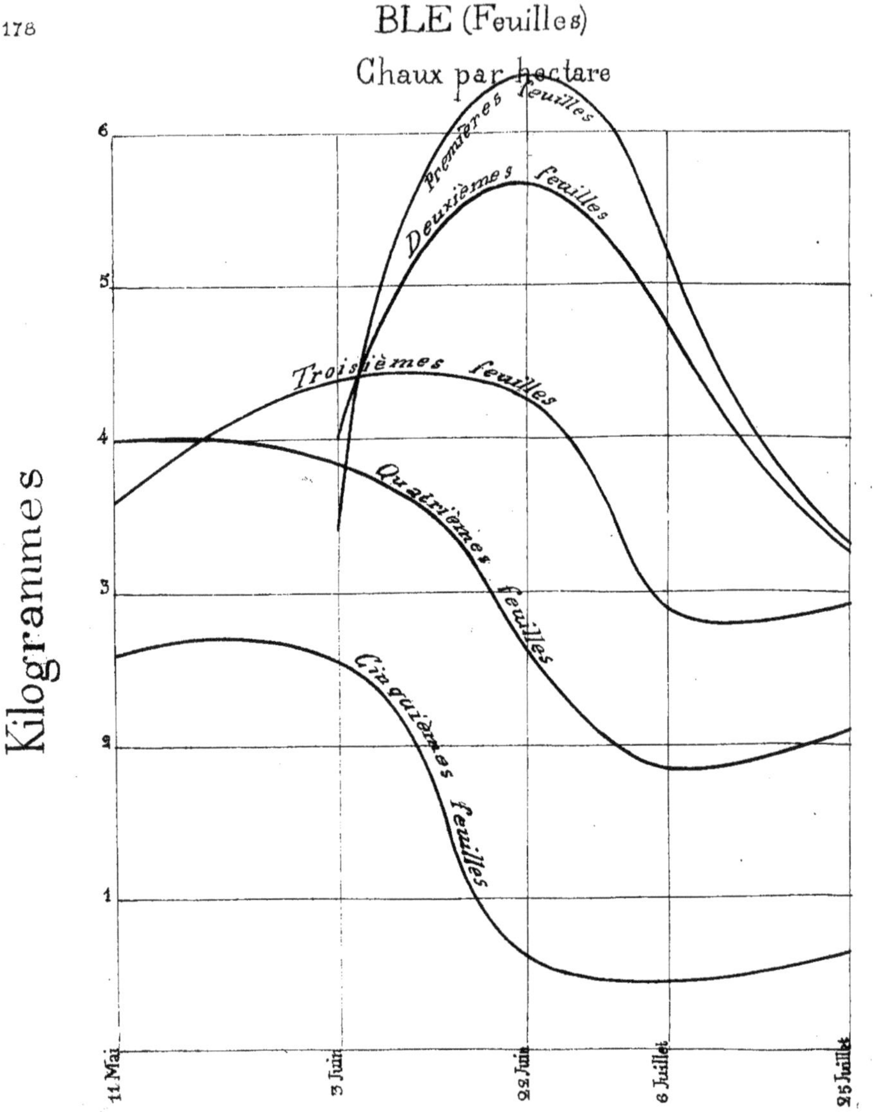

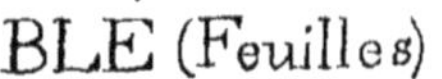

BLÉ (Feuilles)
Chaux par hectare
Premières feuilles
Deuxièmes feuilles
Troisièmes feuilles
Quatrièmes feuilles
Cinquièmes feuilles
Kilogrammes
6
5
4
3
2
1
11 Mai
3 Juin
22 Juin
6 Juillet
25 Juillet

BLÉ (Feuilles.)

Silice par kilogr.

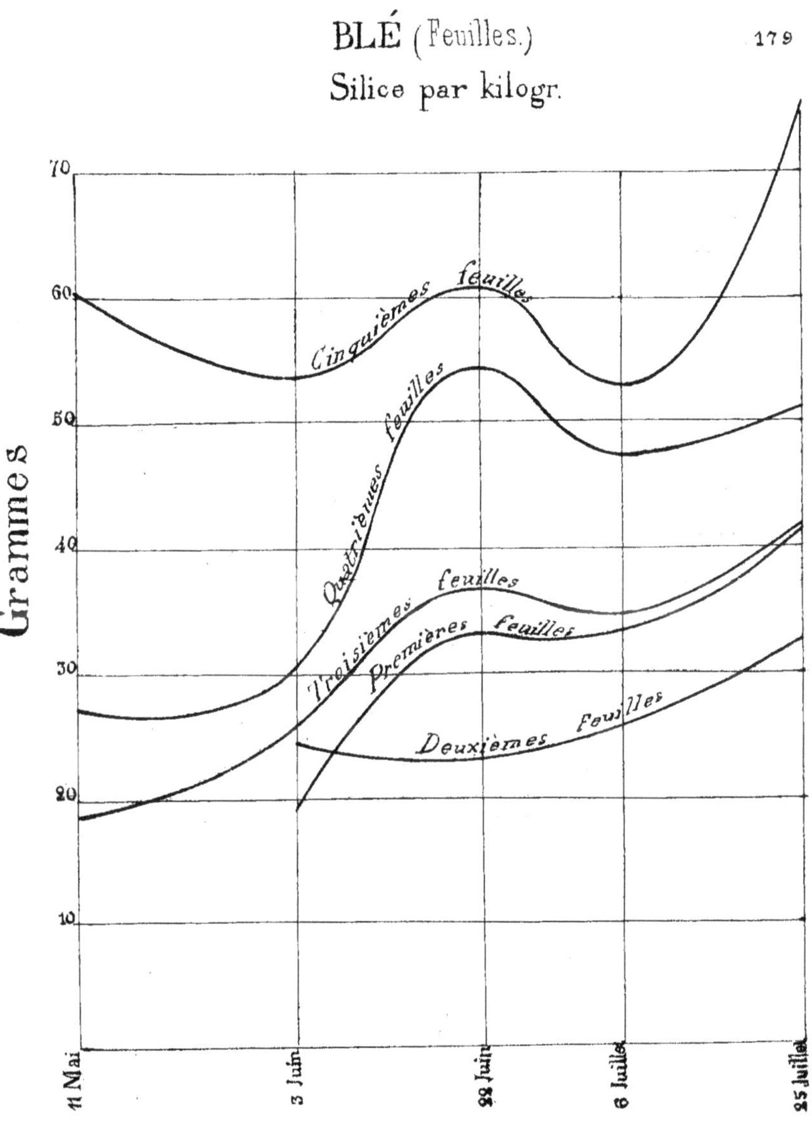

BLÉ (Feuilles)
Silice par hectare

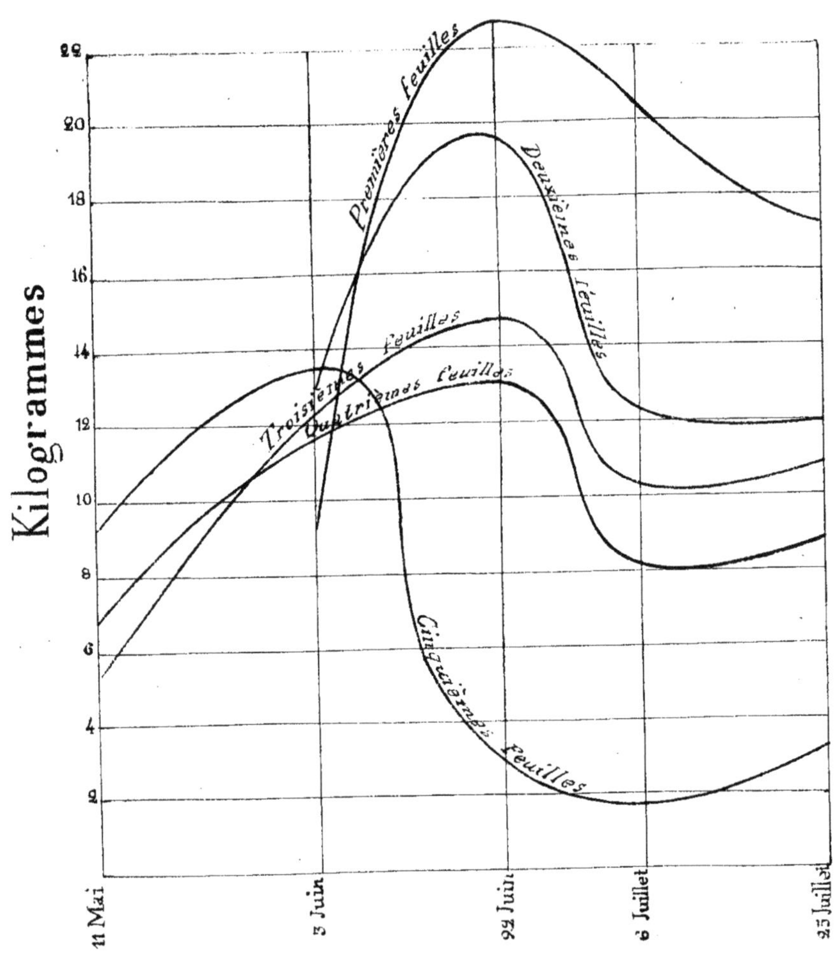

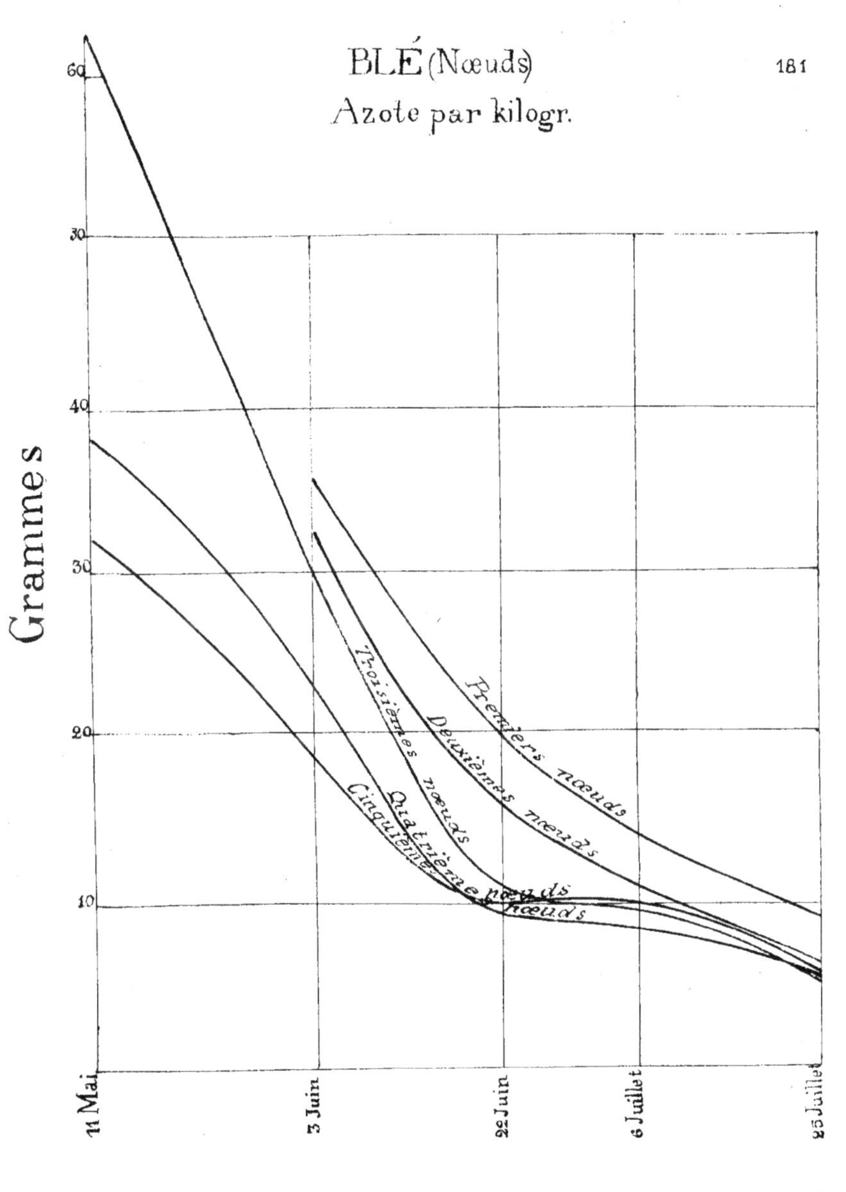
BLÉ (Nœuds)
Azote par kilogr.
Grammes
60
50
40
30
20
10
Premiers nœuds
Deuxièmes nœuds
Troisièmes nœuds
Quatrièmes nœuds
Cinquièmes nœuds
11 Mai
3 Juin
22 Juin
6 Juillet
25 Juillet

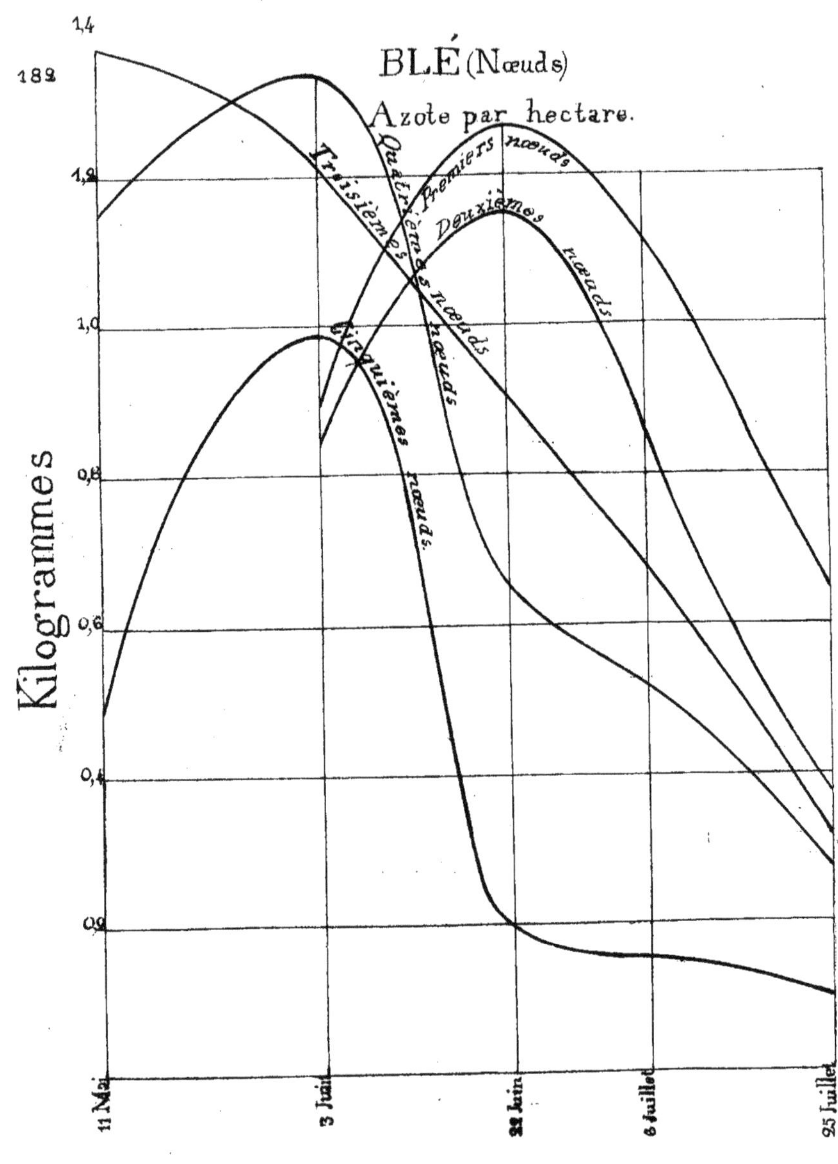

182
BLÉ (Nœuds)
Azote par hectare.
Kilogrammes
1,4
1,2
1,0
0,8
0,6
0,4
0,2
Premiers nœuds
Deuxièmes nœuds
Troisièmes nœuds
Quatrièmes nœuds
Cinquièmes nœuds.
11 Mai
3 Juin
22 Juin
6 Juillet
25 Juillet

BLÉ (Nœuds)

Acide phosphorique par kilog.

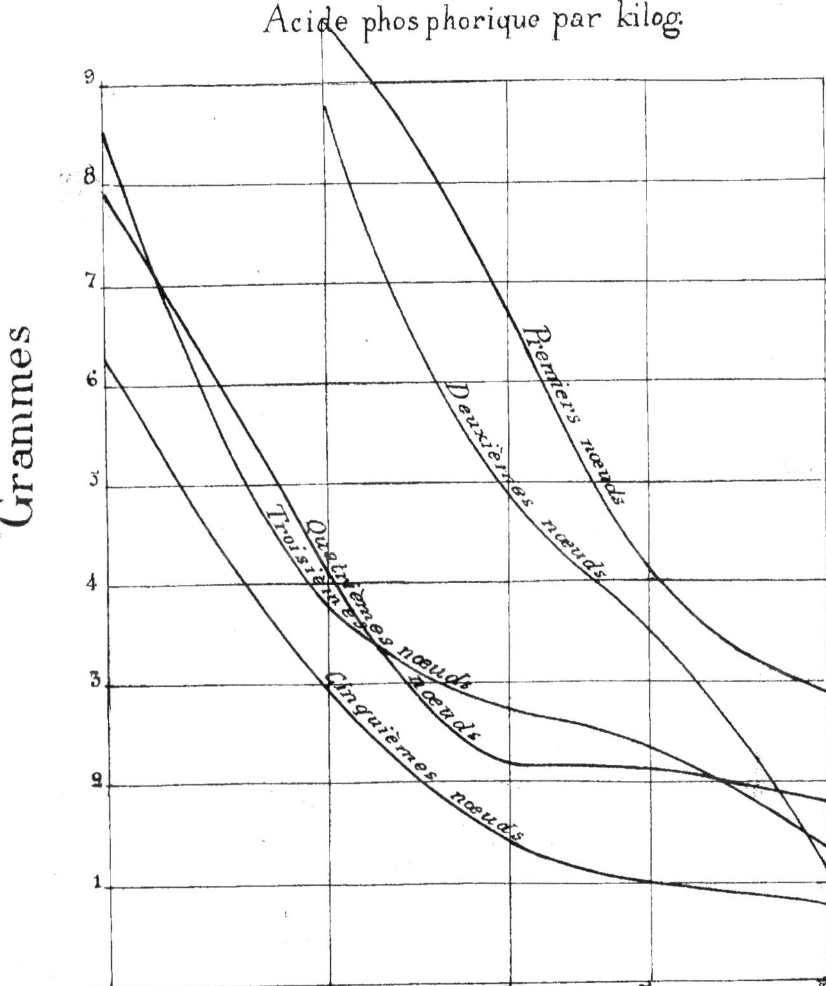

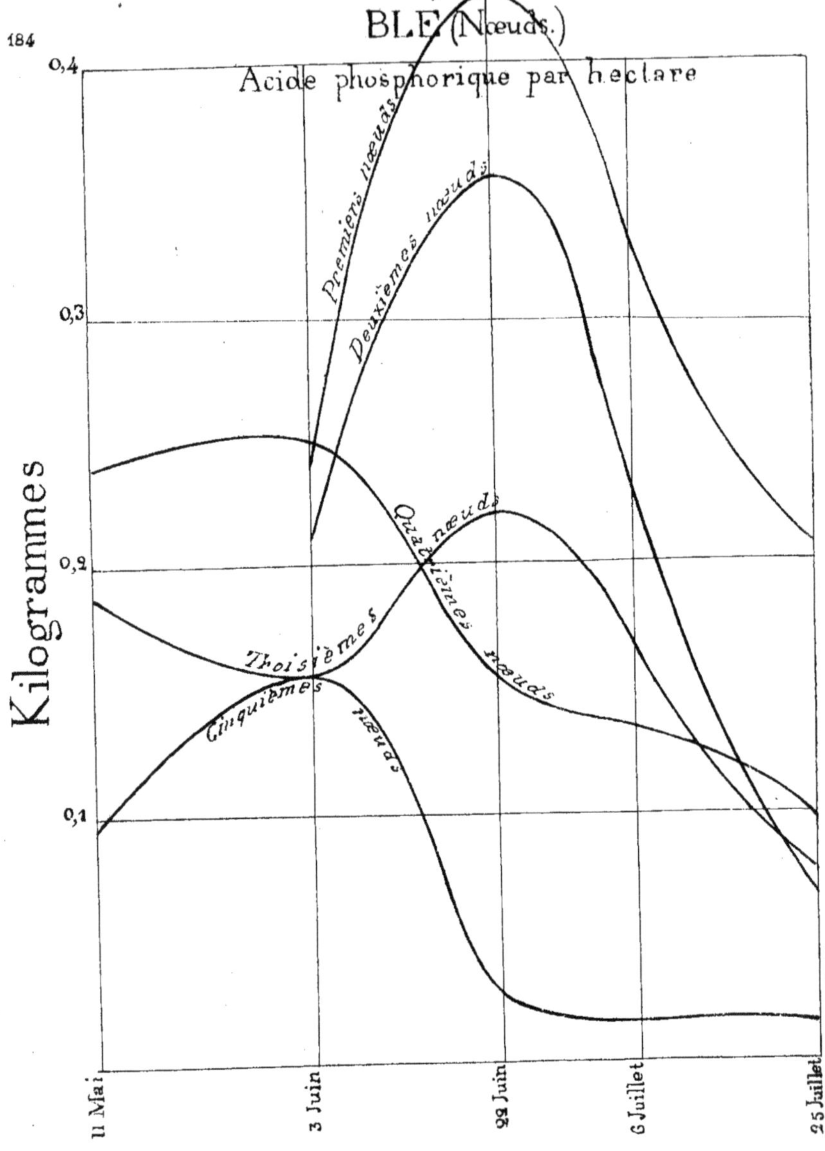

BLÉ (Nœuds.)
Acide phosphorique par hectare
Kilogrammes
0,4
0,3
0,2
0,1
Premiers nœuds
Deuxièmes nœuds
Troisièmes
Quatrièmes nœuds
Cinquièmes nœuds
11 Mai
3 Juin
22 Juin
6 Juillet
25 Juillet

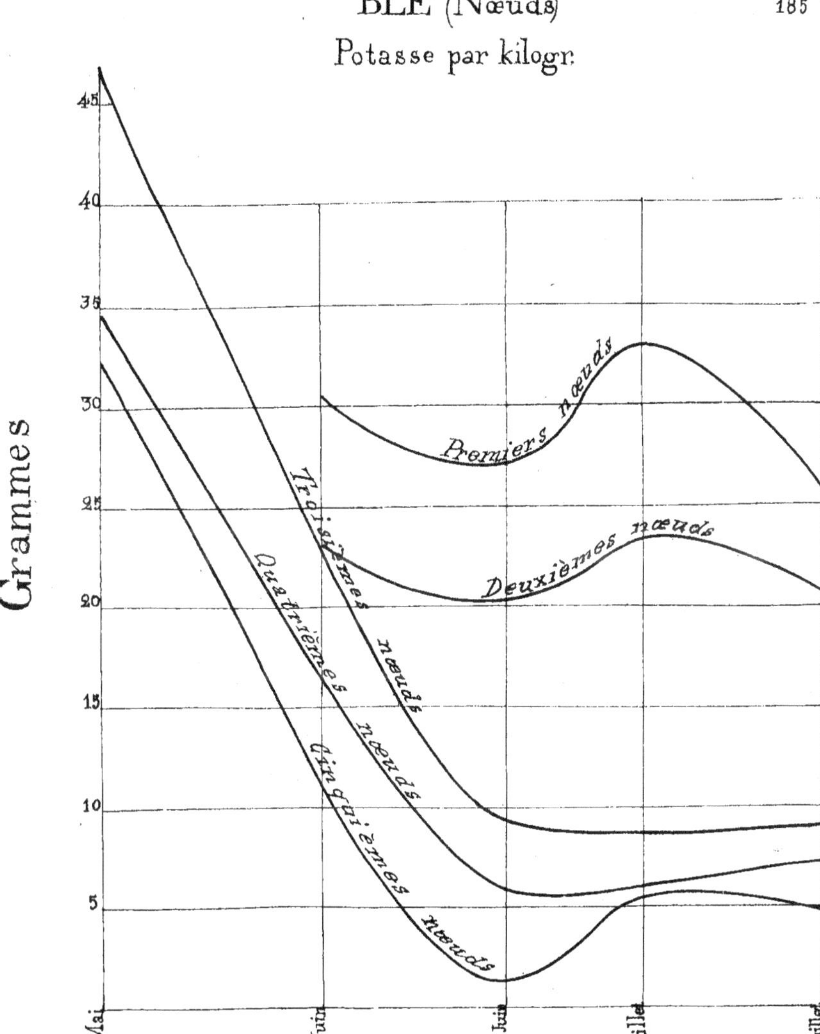
BLÉ (Nœuds)
Potasse par kilogr.
Grammes
45
40
35
30
25
20
15
10
5
Premiers nœuds
Deuxièmes nœuds
Troisièmes nœuds
Quatrièmes nœuds
Cinquièmes nœuds
11 Mai
3 Juin
22 Juin
6 Juillet
25 Juillet

BLÉ (Nœuds.)
Potasse par hectare.

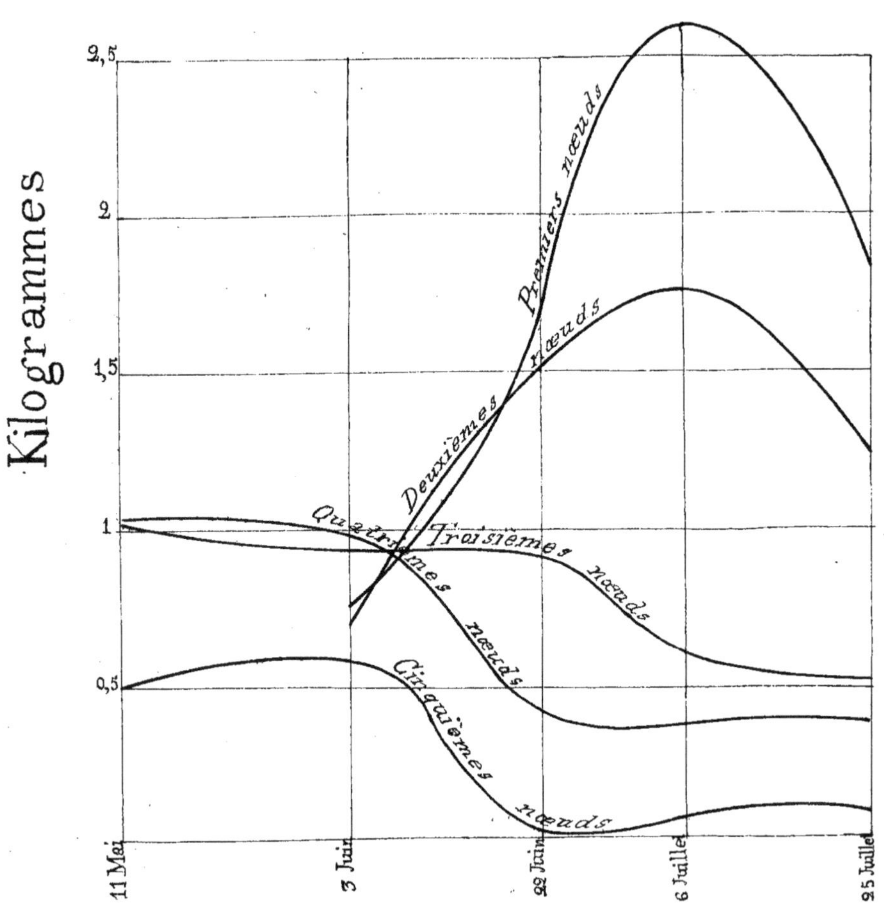

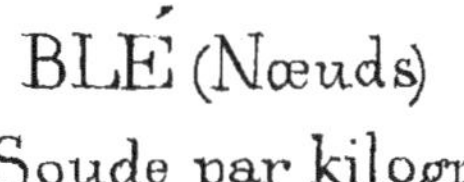

BLÉ (Nœuds)

Soude par kilogr.

Grammes
12
10
8
6
4
2
11 Mai
3 Juin
22 Juin
6 Juillet
25 Juillet
Cinquièmes nœuds
Troisièmes nœuds
Quatrièmes nœuds
Deuxièmes nœuds
Premiers nœuds

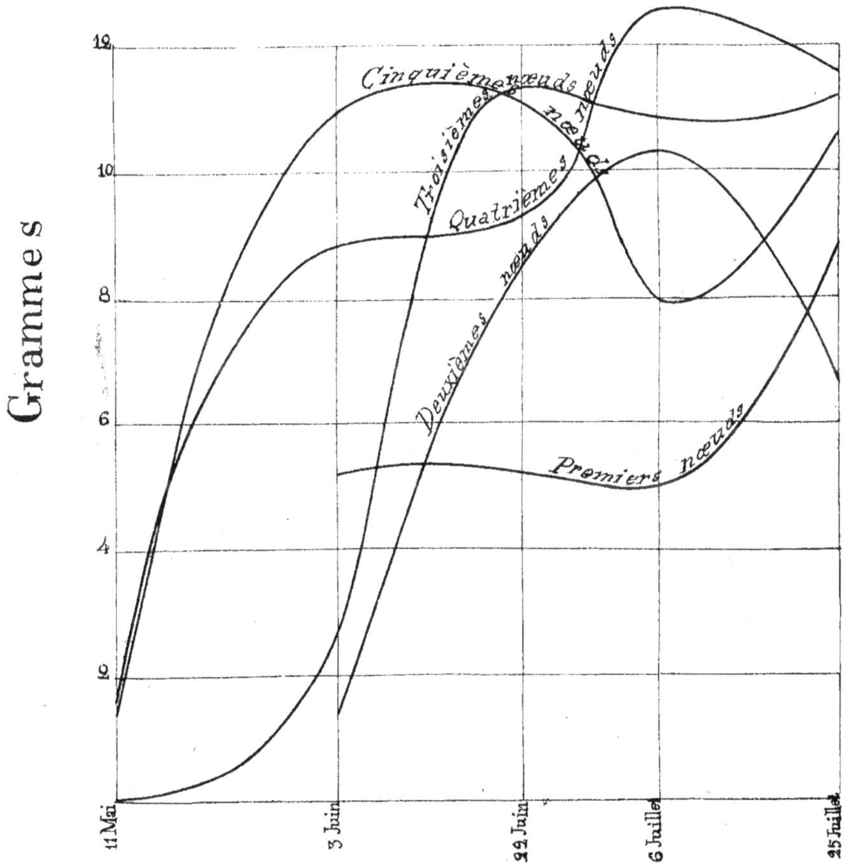

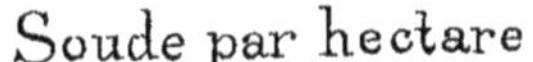

BLÉ (Nœuds)
Soude par hectare
Kilogrammes
0,9
0,8
0,7
0,6
0,5
0,4
0,3
0,2
0,1
Troisièmes nœuds
Deuxièmes nœuds
Quatrièmes nœuds
Cinquièmes nœuds
Premiers nœuds
Deuxièmes nœuds
11 Mai
5 Juin
22 Juin
6 Juillet
25 Juillet

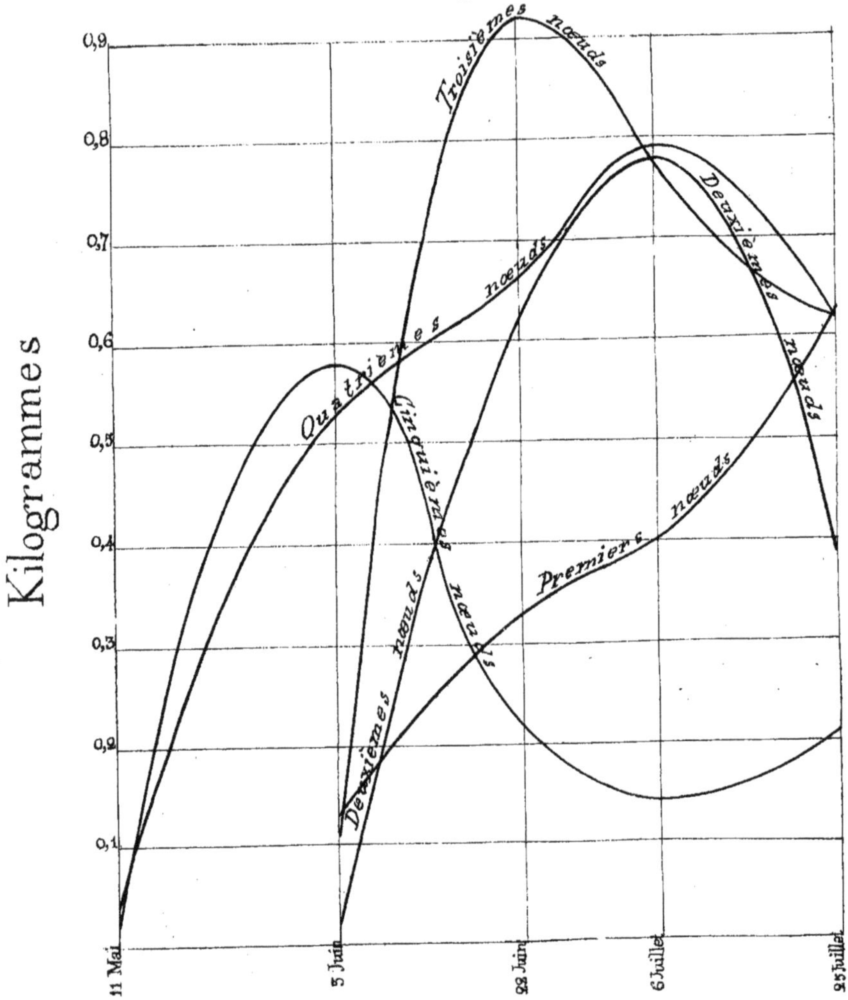

Rapport de la potasse à la soude

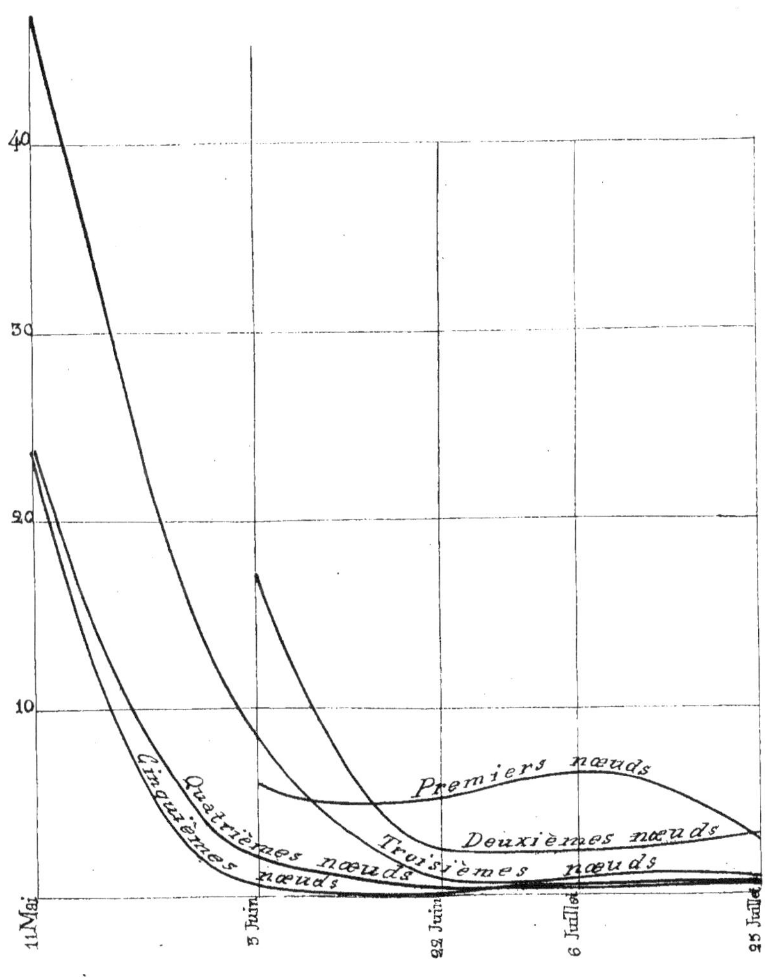

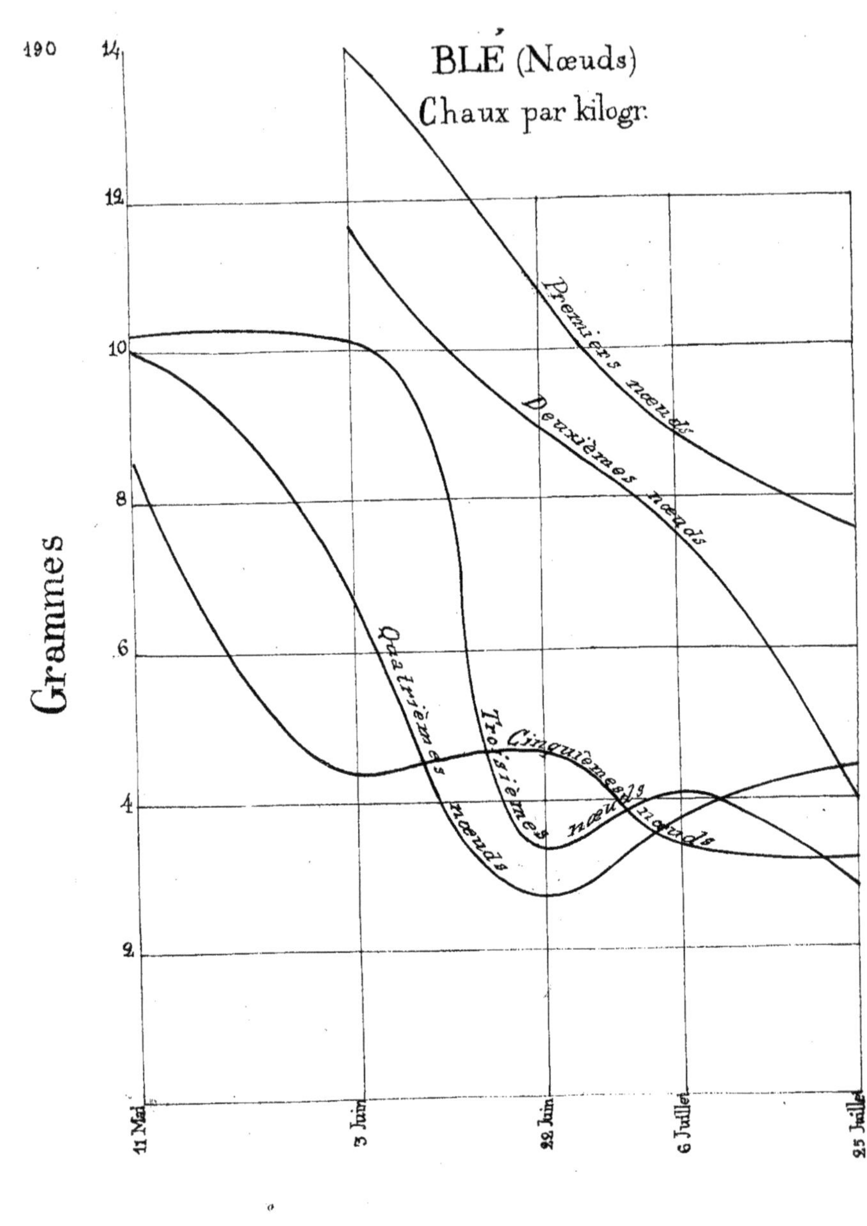
BLÉ (Nœuds)
Chaux par kilogr.
Grammes
14
12
10
8
6
4
2
Premiers nœuds
Deuxièmes nœuds
Quatrièmes nœuds
Troisièmes nœuds
Cinquièmes nœuds
11 Mai
3 Juin
22 Juin
6 Juillet
25 Juillet

BLÉ (Nœuds)

Chaux par hectare.

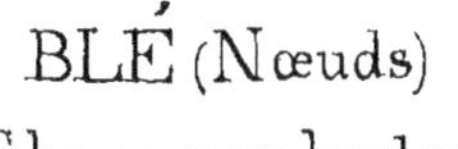

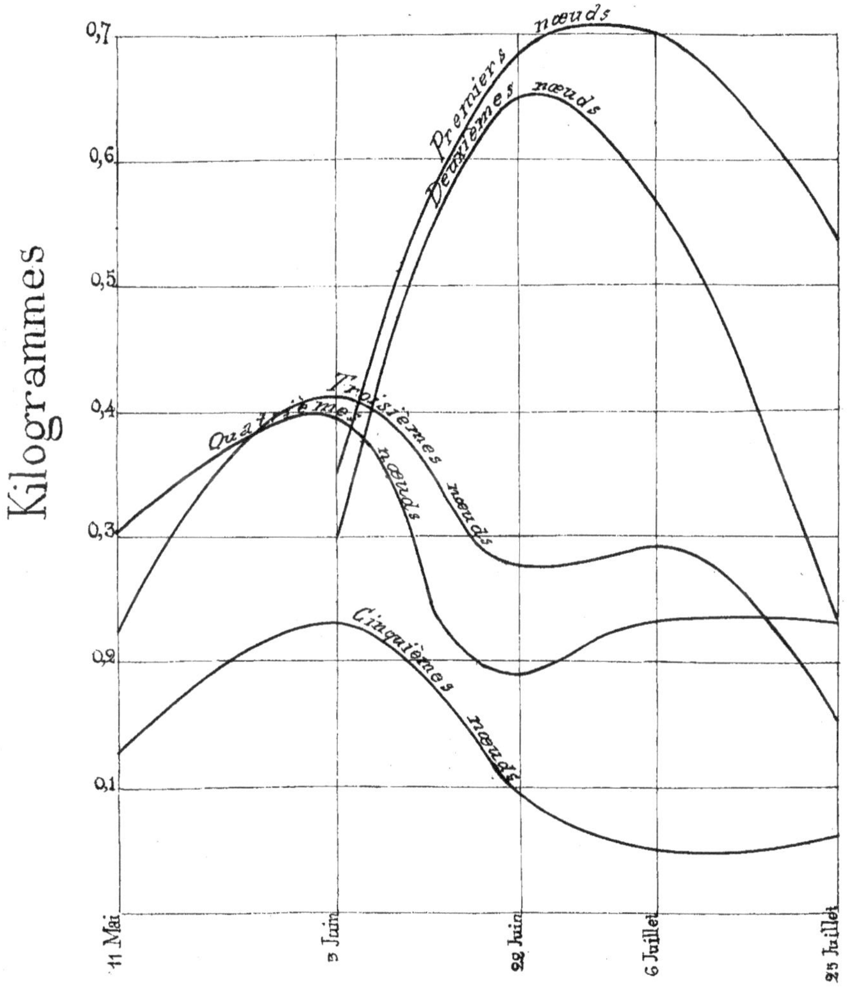

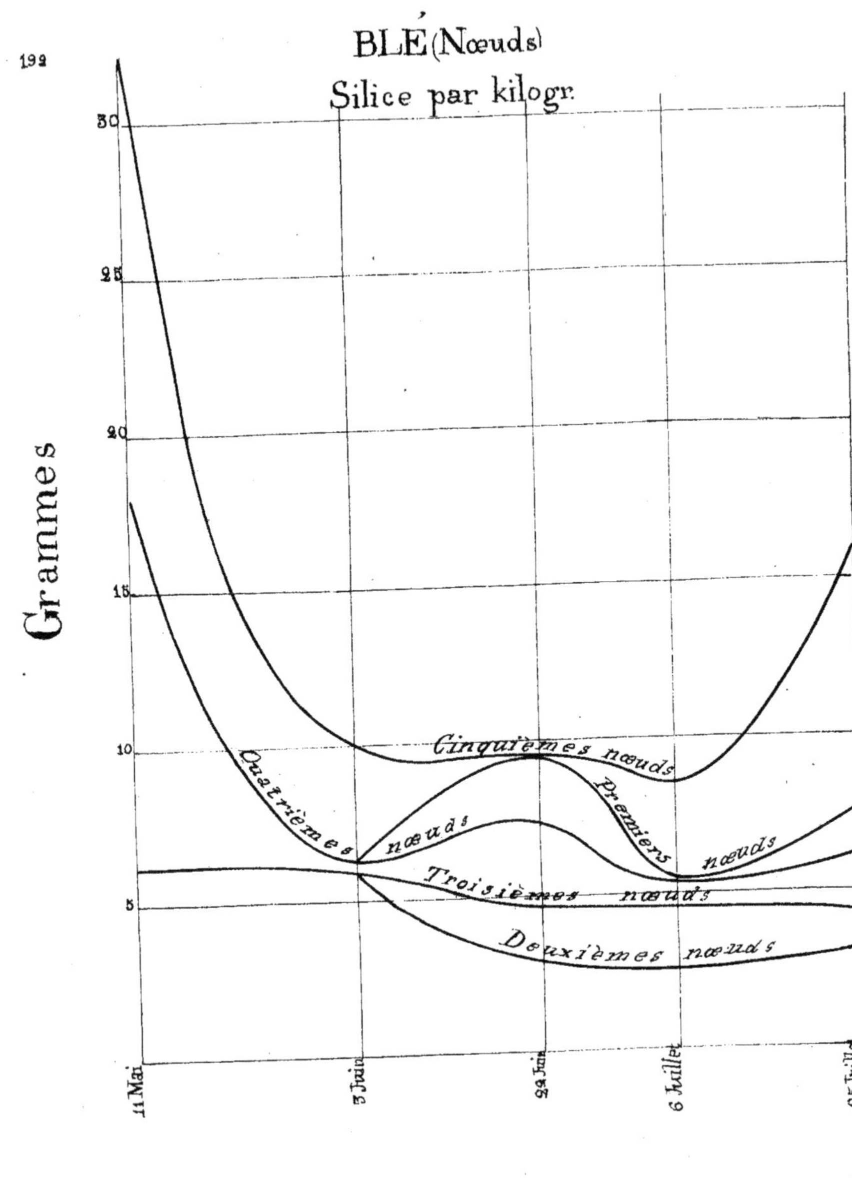

192
BLÉ (Nœuds)
Silice par kilogr.
Grammes
30
25
20
15
10
5
Cinquièmes nœuds
Quatrièmes nœuds
Premiers nœuds
Troisièmes nœuds
Deuxièmes nœuds
11 Mai
3 Juin
22 Juin
6 Juillet
25 Juillet

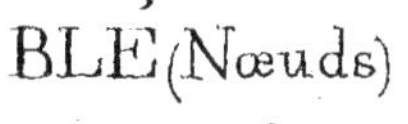
BLÉ (Nœuds)

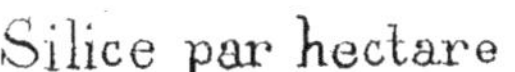
Silice par hectare

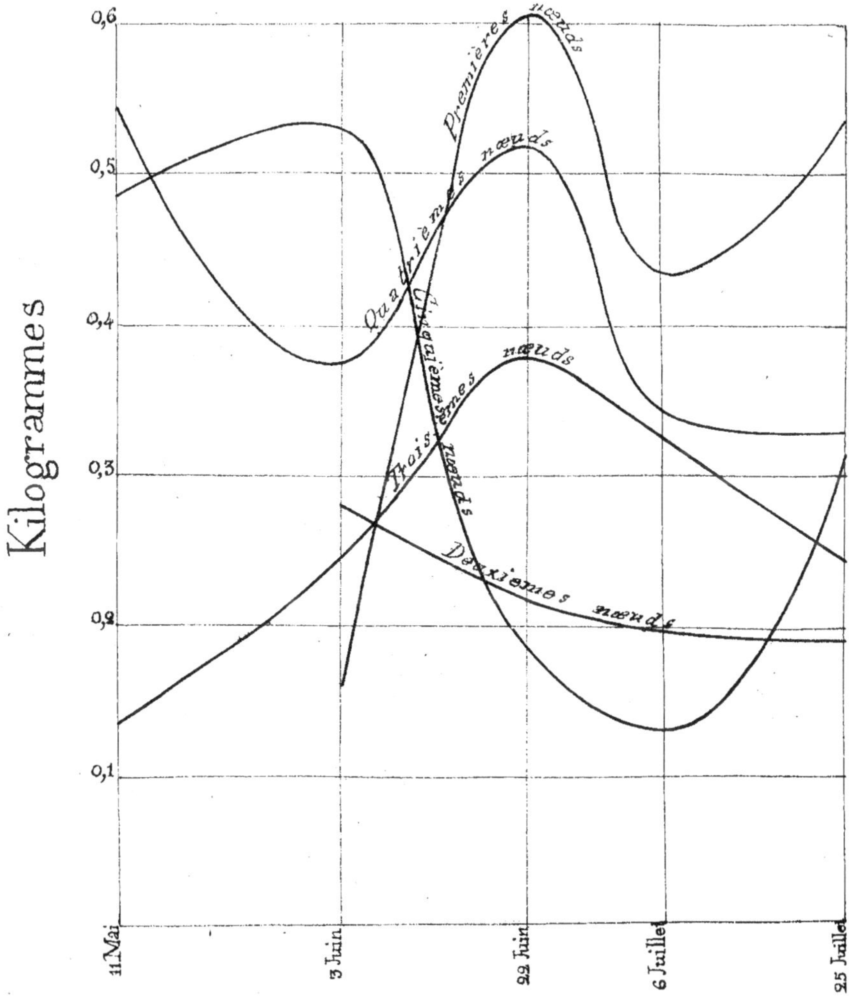

Kilogrammes
0,6
0,5
0,4
0,3
0,2
0,1
Premières nœuds
Quatrièmes nœuds
Cinquièmes nœuds
Troisièmes nœuds
Deuxièmes nœuds
11 Mai
5 Juin
22 Juin
6 Juillet
25 Juillet

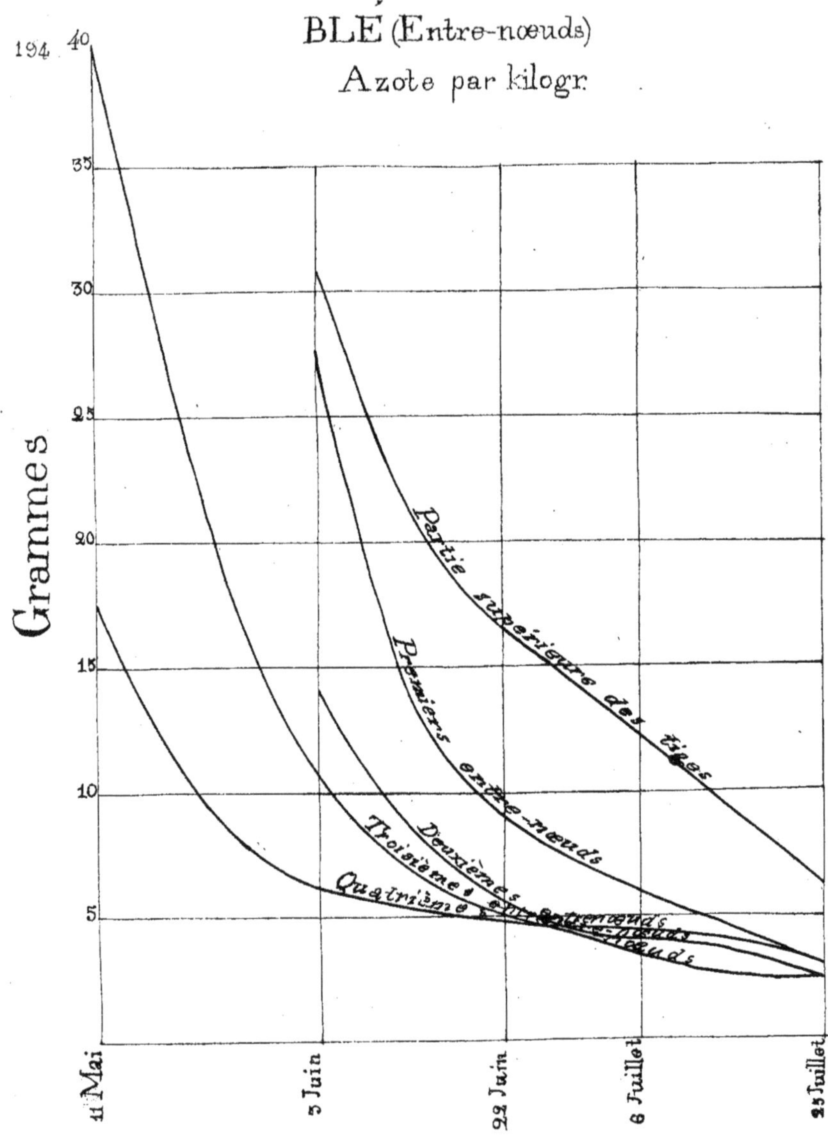

BLÉ (Entre-nœuds)
Azote par kilogr.
Grammes
194
40
35
30
25
20
15
10
5
Partie supérieure des tiges
Premiers entre-nœuds
Deuxièmes entre-nœuds
Troisièmes entre-nœuds
Quatrièmes entre-nœuds
11 Mai
5 Juin
22 Juin
6 Juillet
25 Juillet

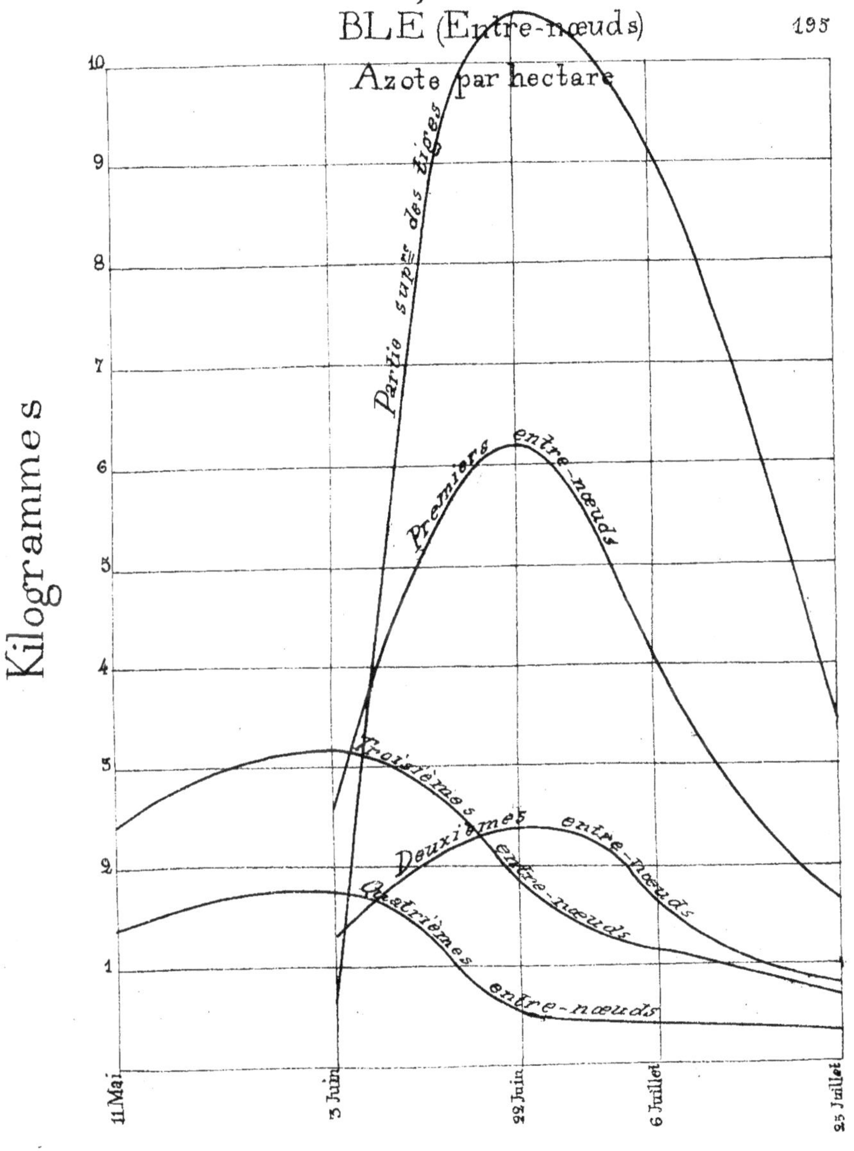

BLÉ (Entre-nœuds)
Azote par hectare
Kilogrammes
Partie sup⁻ des tiges
Premiers entre-nœuds
Troisièmes entre-nœuds
Deuxièmes entre-nœuds
Quatrièmes entre-nœuds
entre-nœuds
10
9
8
7
6
5
4
3
2
1
11 Mai
5 Juin
22 Juin
6 Juillet
25 Juillet

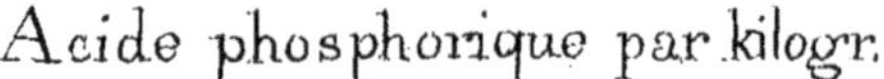

BLÉ (Entre-nœuds)
Acide phosphorique par kilogr.
Grammes
9
8
7
6
5
4
3
2
1
Partie sup.te des tiges
Premiers entre-nœuds
Deuxièmes entre-nœuds
Troisièmes entre-nœuds
Quatrièmes entre-nœuds
11 Mai
3 Juin
22 Juin
6 Juillet
25 Juillet

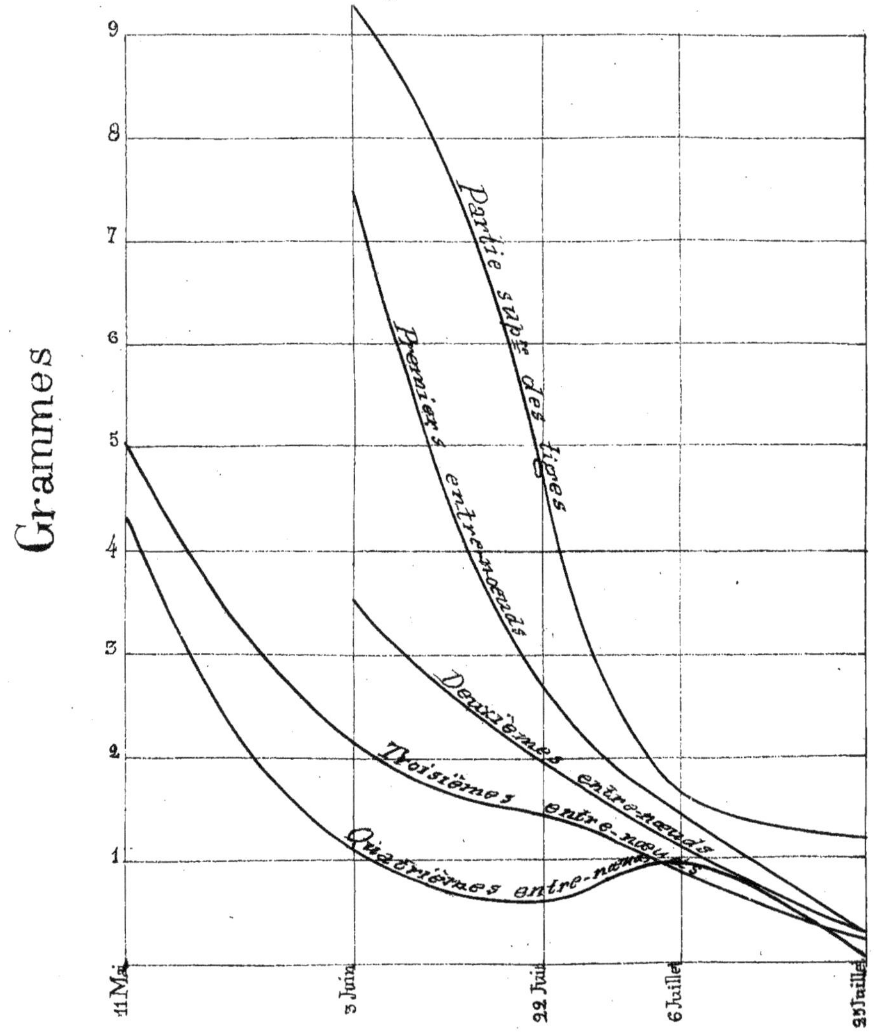

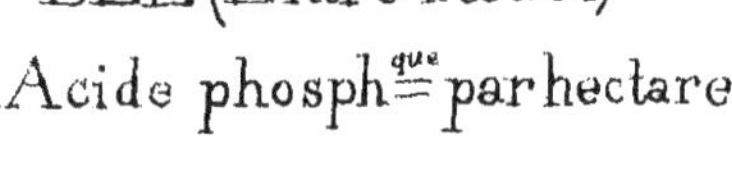

BLÉ (Entre-nœuds)
Acide phosph.^que par hectare

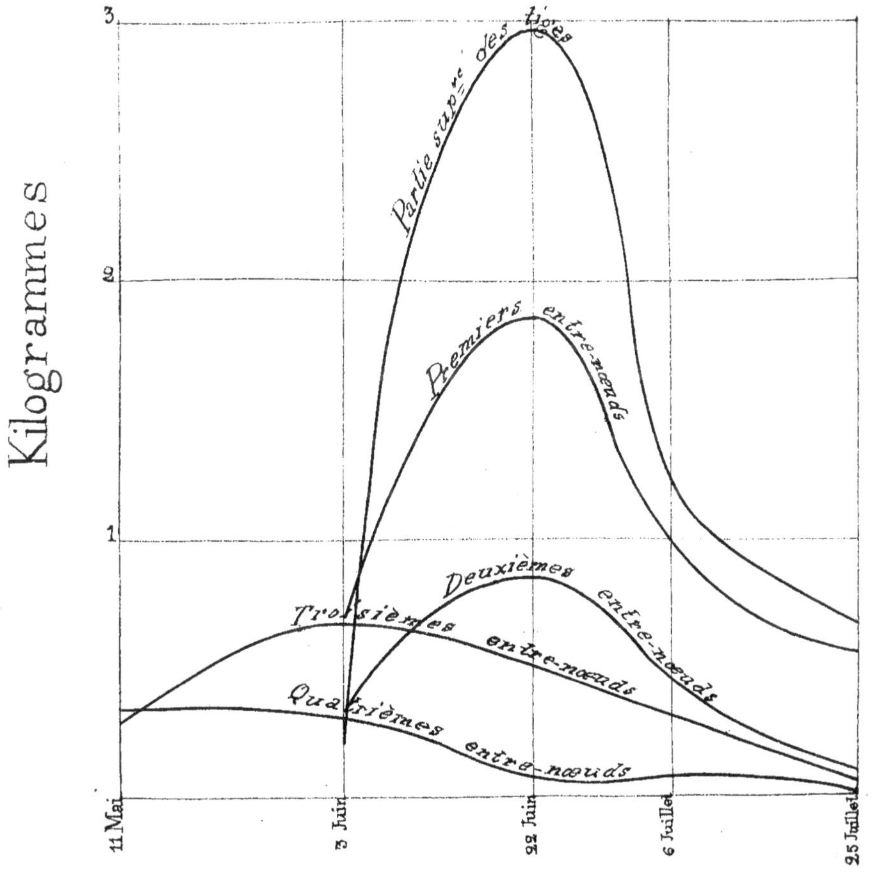

Kilogrammes
3
2
1
Partie sup.^re des tiges
Premiers entre-nœuds
Deuxièmes entre-nœuds
Troisièmes entre-nœuds
Quatrièmes entre-nœuds
11 Mai
3 Juin
22 Juin
6 Juillet
25 Juillet

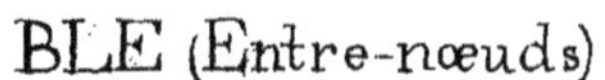
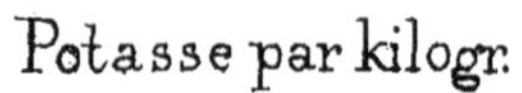

BLÉ (Entre-nœuds)
Potasse par kilogr.
Grammes
50
40
30
20
10
Troisièmes entre-nœuds
Partie sans des tiges
Premiers entre-nœuds
Deuxièmes entre-nœuds
Quatrièmes entre-nœuds
11 Mai
5 Juin
22 Juin
6 Juillet
25 Juillet

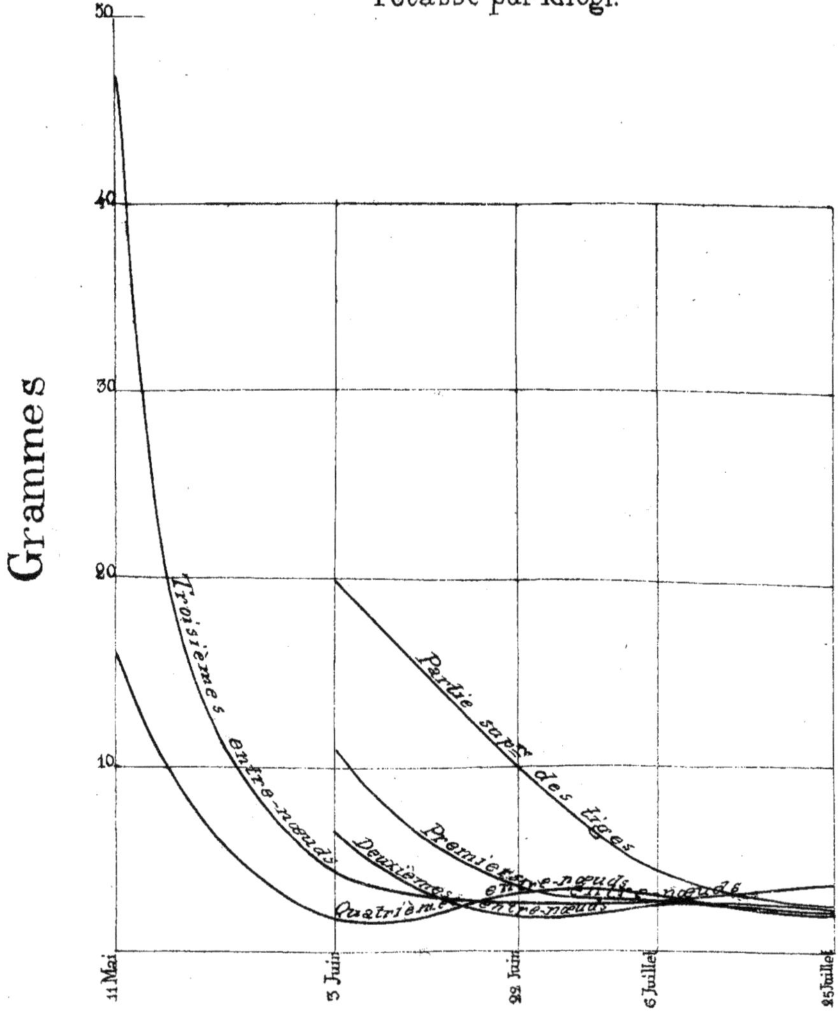

BLÉ (Entre-nœuds)
Potasse par hectare

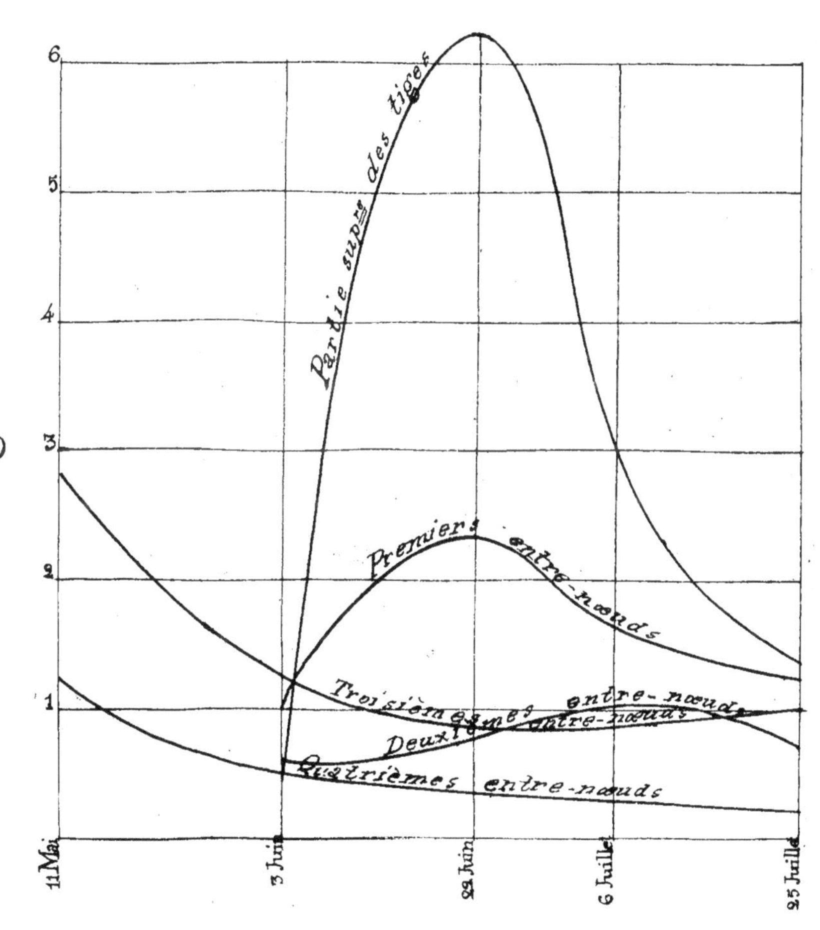

BLÉ (Entre-nœuds)
Soude par kilogr.

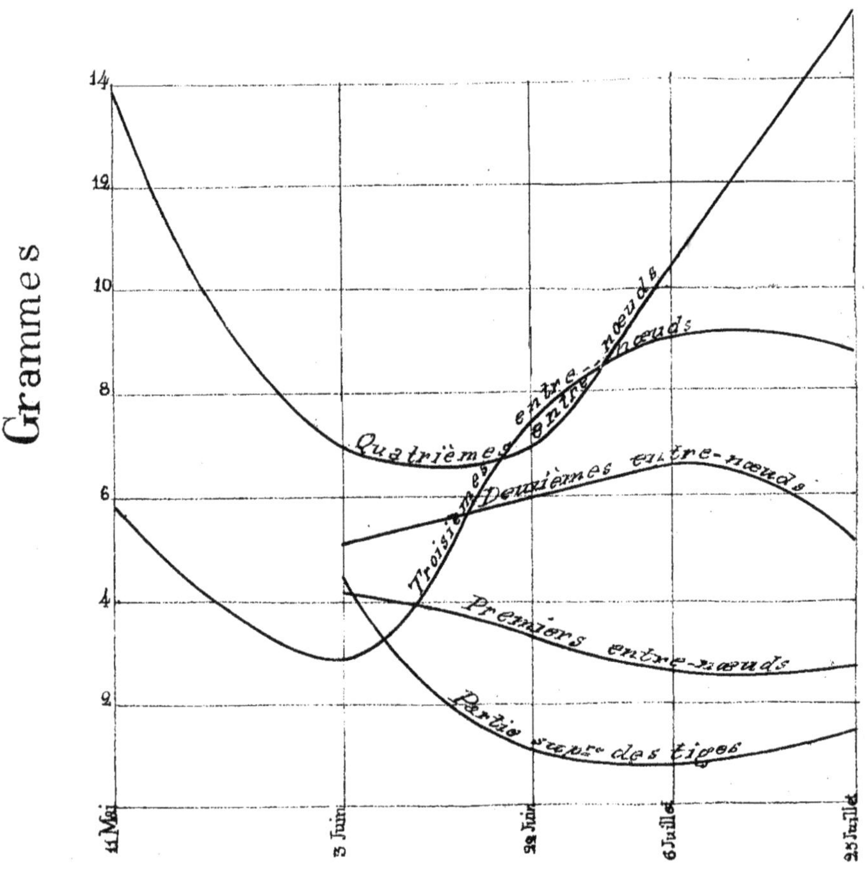

BLÉ (Entre-nœuds)
Soude par hectare

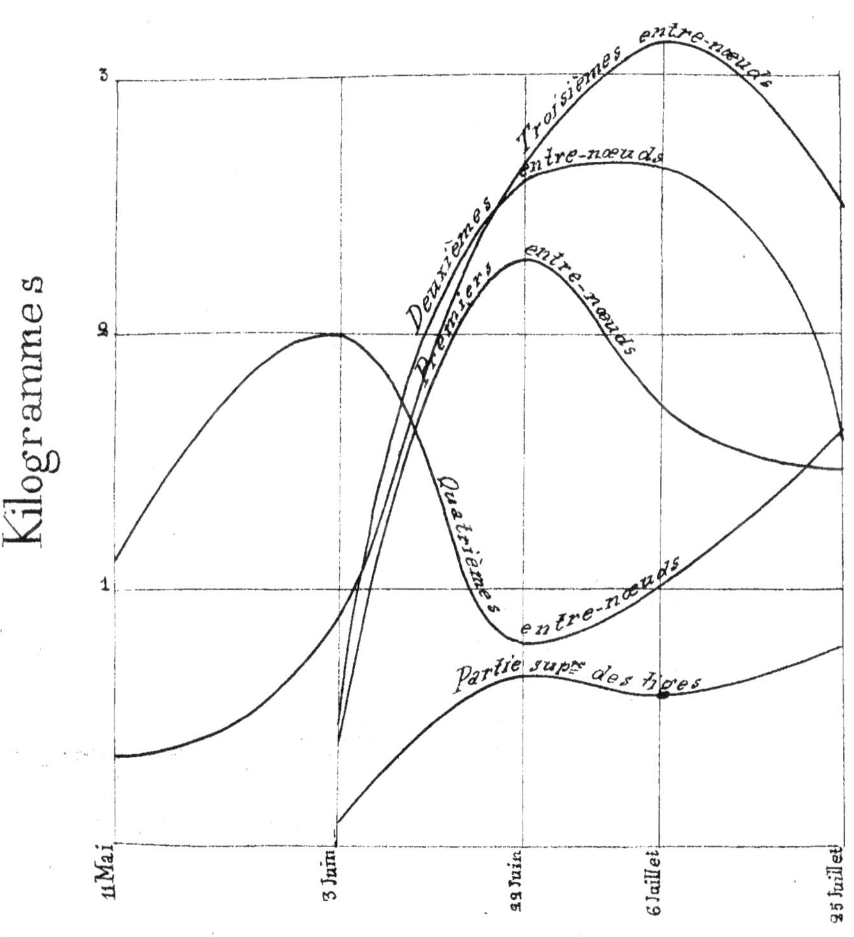

BLE (Entre-nœuds)

Rapport de la potasse à la soude.

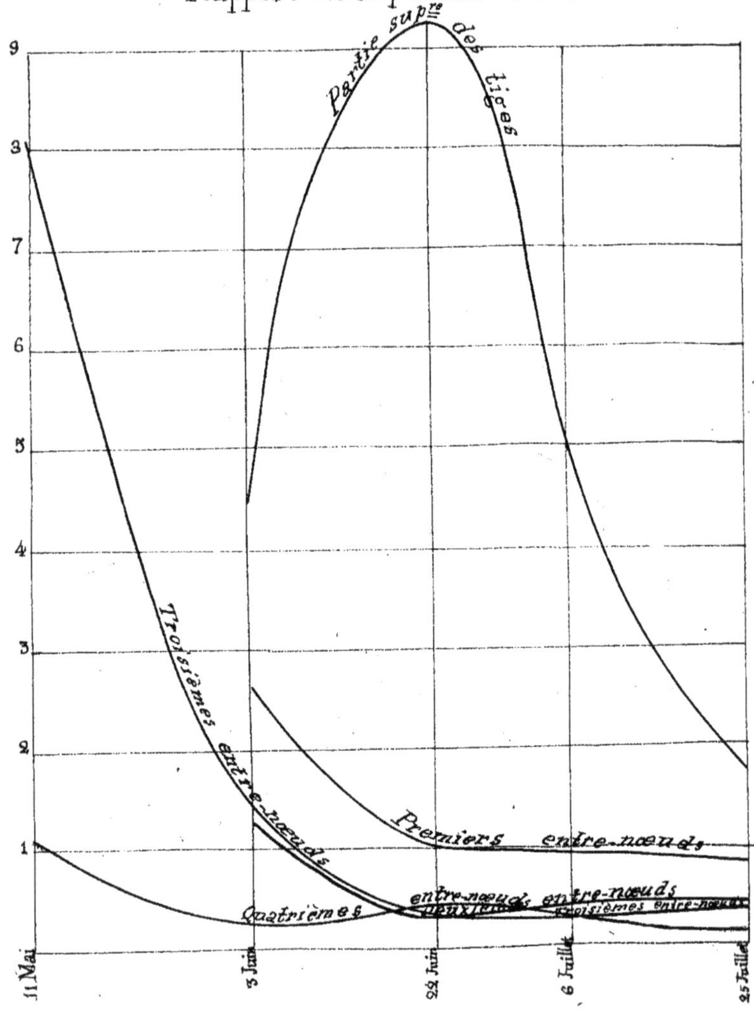

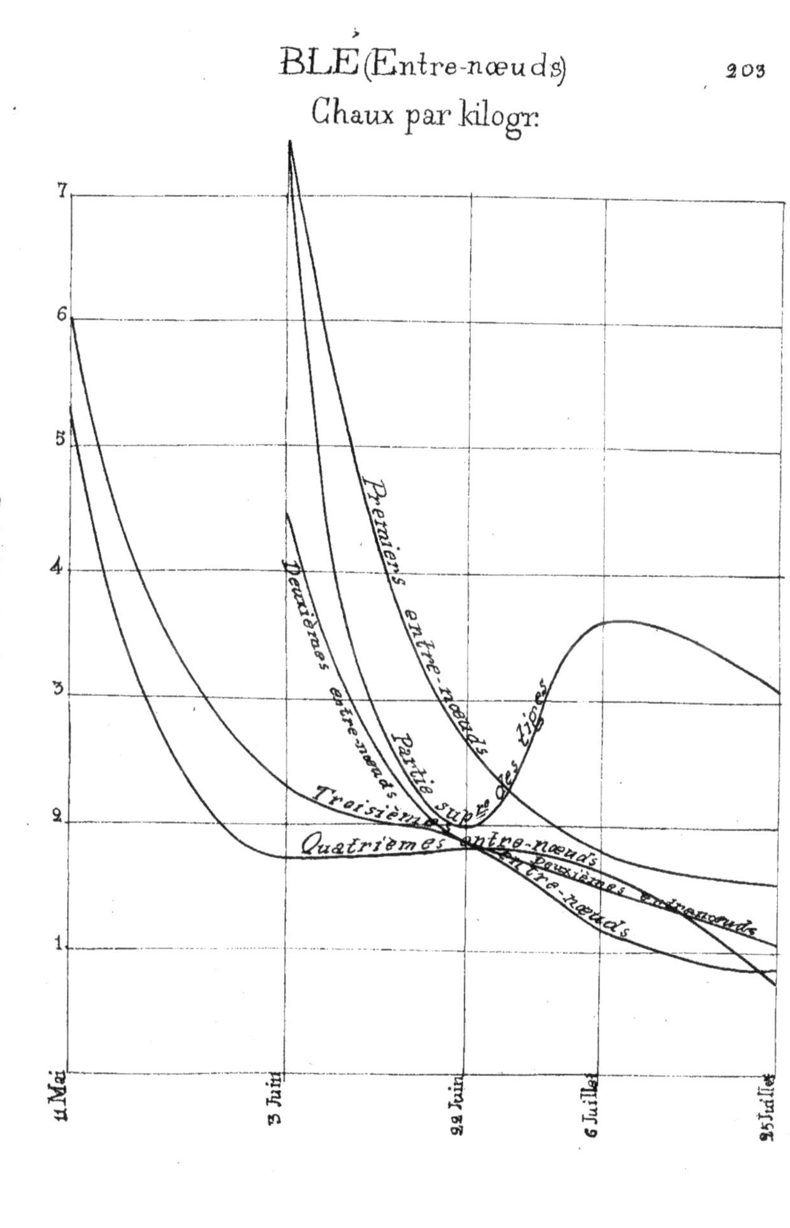

BLÉ (Entre-nœuds)
Chaux par kilogr.
Grammes
7
6
5
4
3
2
1
Premiers entre-nœuds
Deuxièmes entre-nœuds
Partie sup.re des tiges
Troisièmes entre-nœuds
Quatrièmes entre-nœuds
Deuxièmes entre-nœuds
11 Mai
3 Juin
22 Juin
6 Juillet
25 Juillet

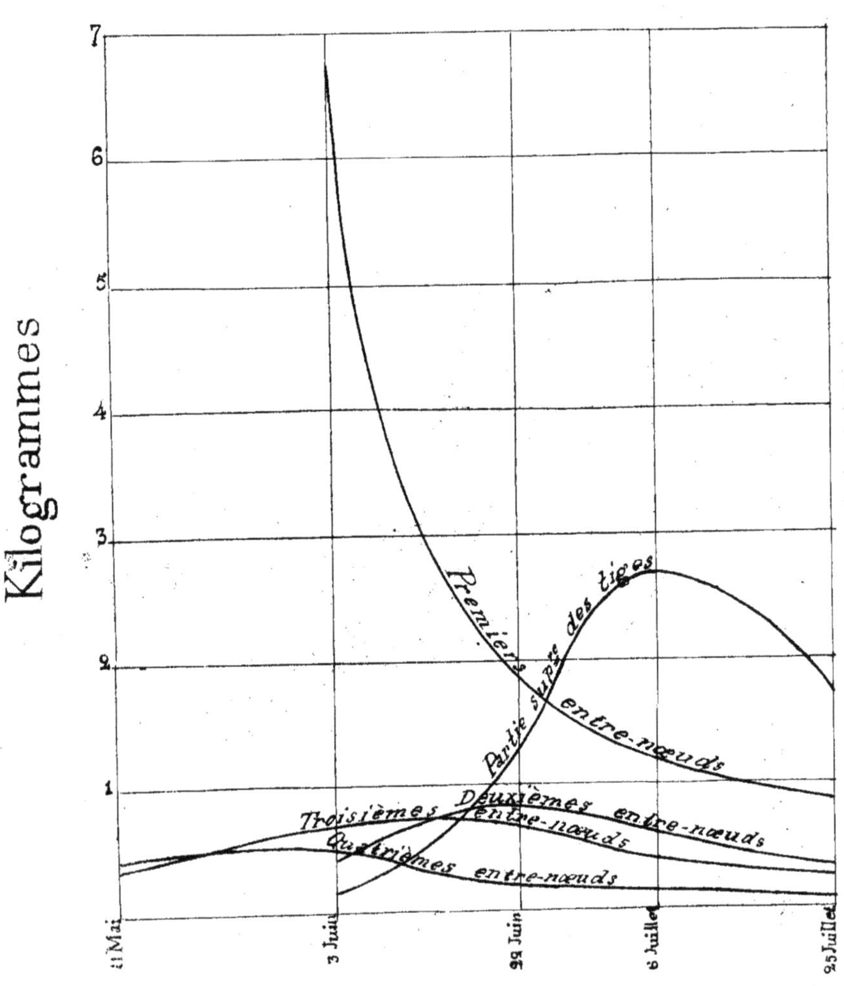

BLÉ (Entre-nœuds)
Chaux par hectare.
Kilogrammes
7
6
5
4
3
2
1
Premiers entre-nœuds
Partie supre des tiges
Deuxièmes entre-nœuds
Troisièmes entre-nœuds
Quatrièmes entre-nœuds
11 Mai
3 Juin
22 Juin
6 Juillet
25 Juillet

Silice par kilogr.

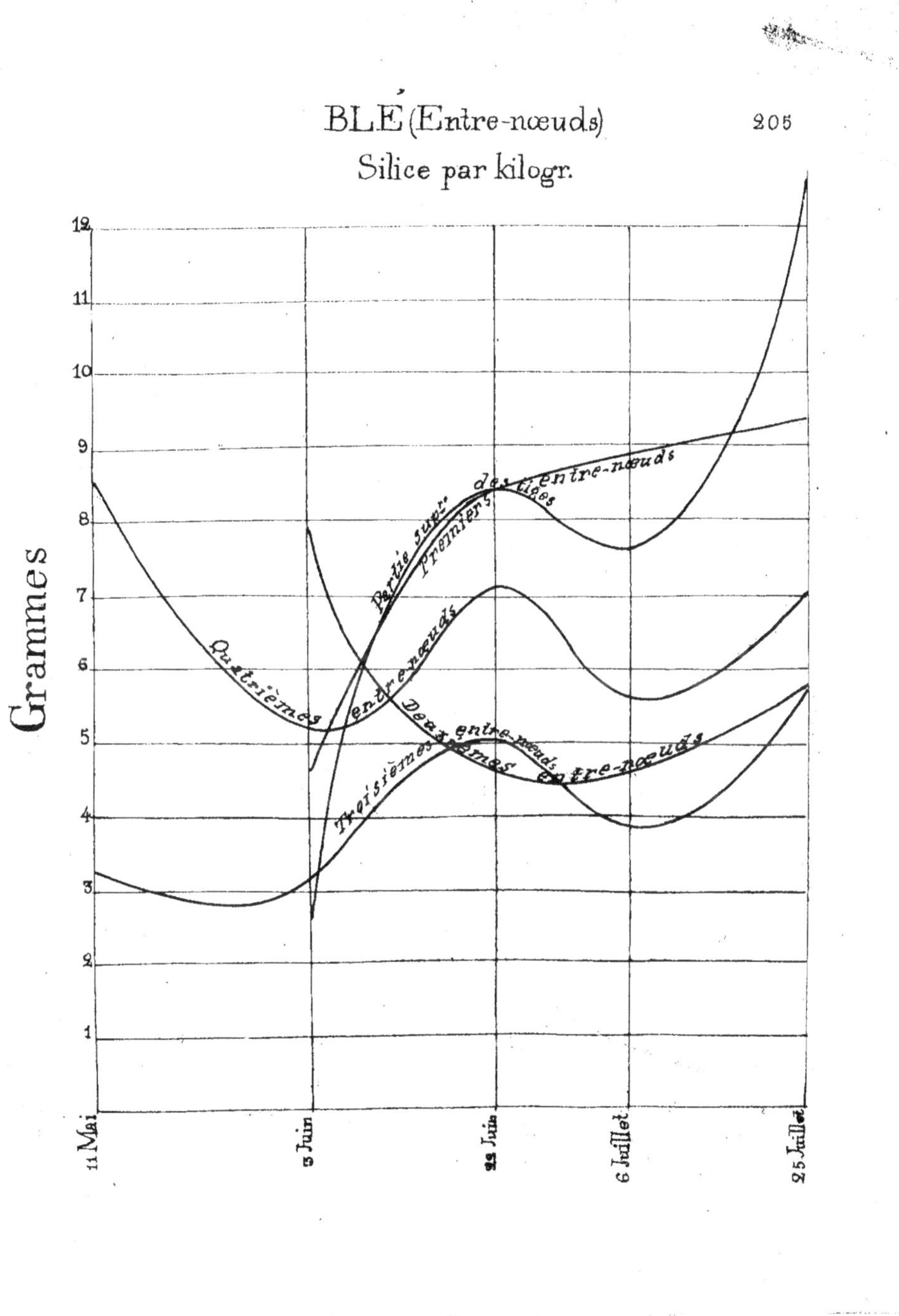

BLÉ (Entre-nœuds)
Silice par hectare

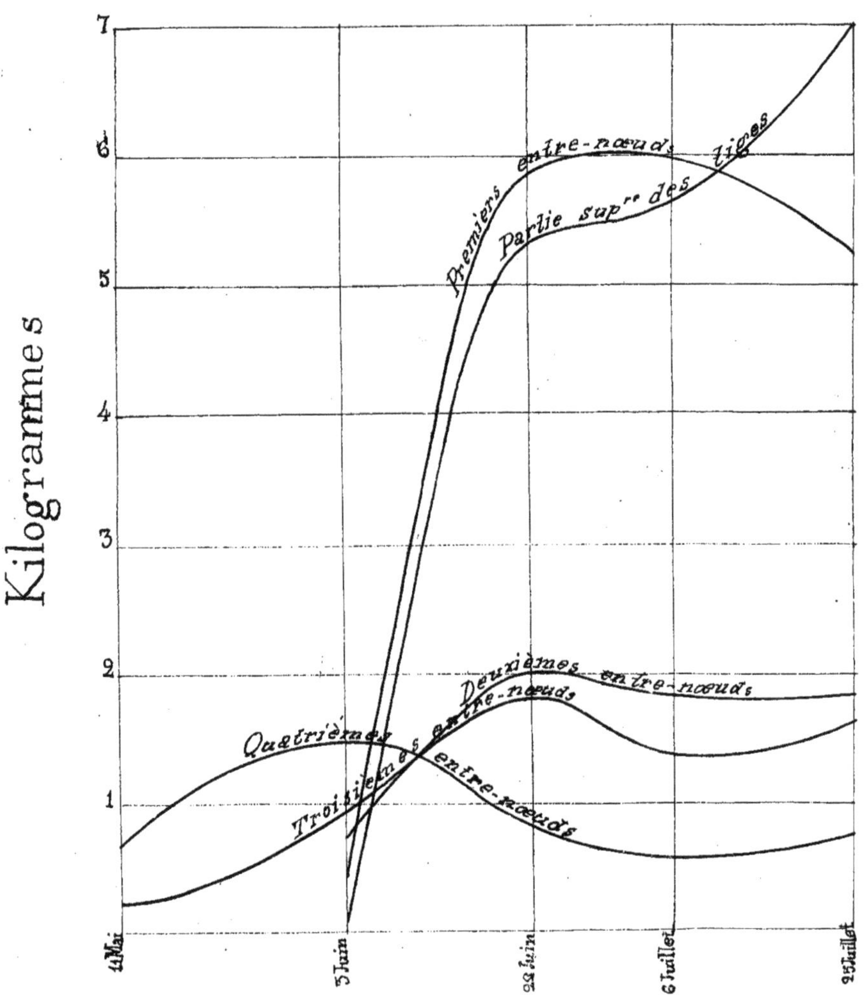

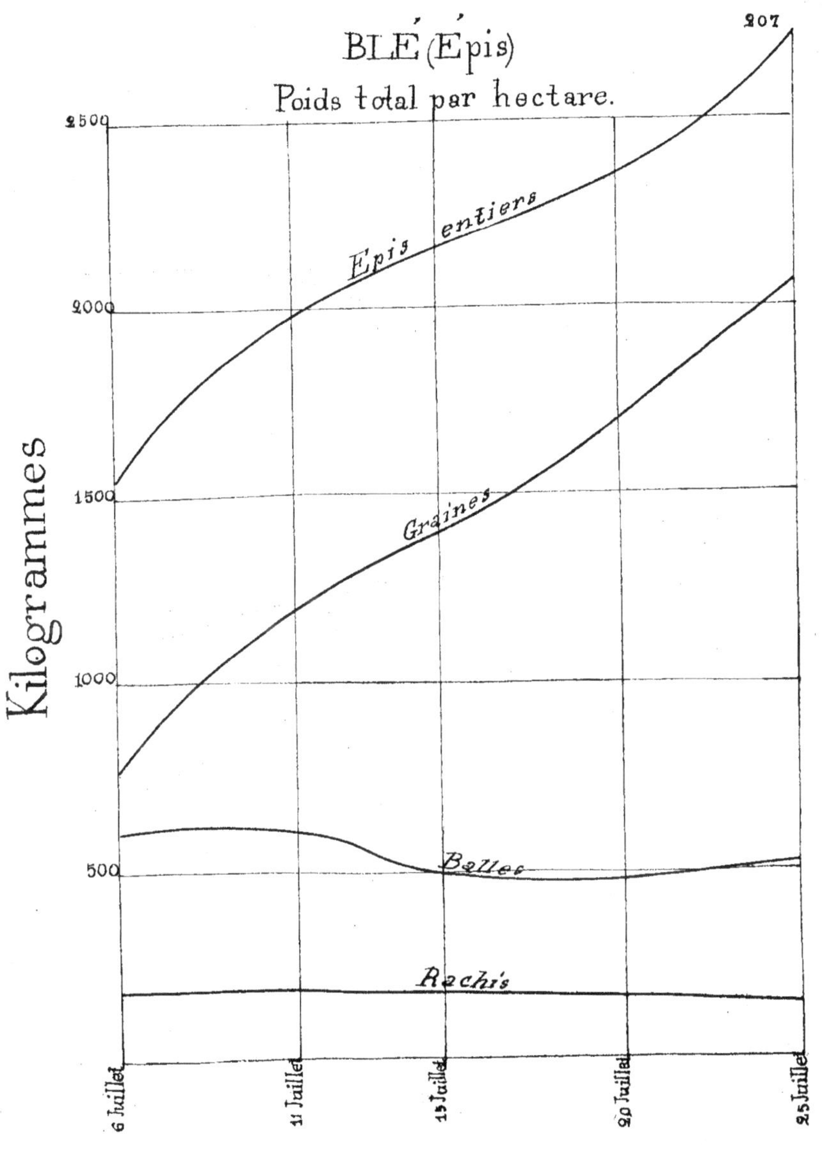
207
BLÉ (Épis)
Poids total par hectare.
Kilogrammes
2500
2000
1500
1000
500
Épis entiers
Graines
Balles
Rachis
6 Juillet
11 Juillet
15 Juillet
20 Juillet
25 Juillet

BLÉ (Épis)
Azote par kilogr.
Grammes
Graines
Épis entiers
Balles
Rachis
20
15
10
5
5 Juillet
11 Juillet
15 Juillet
20 Juillet
25 Juillet

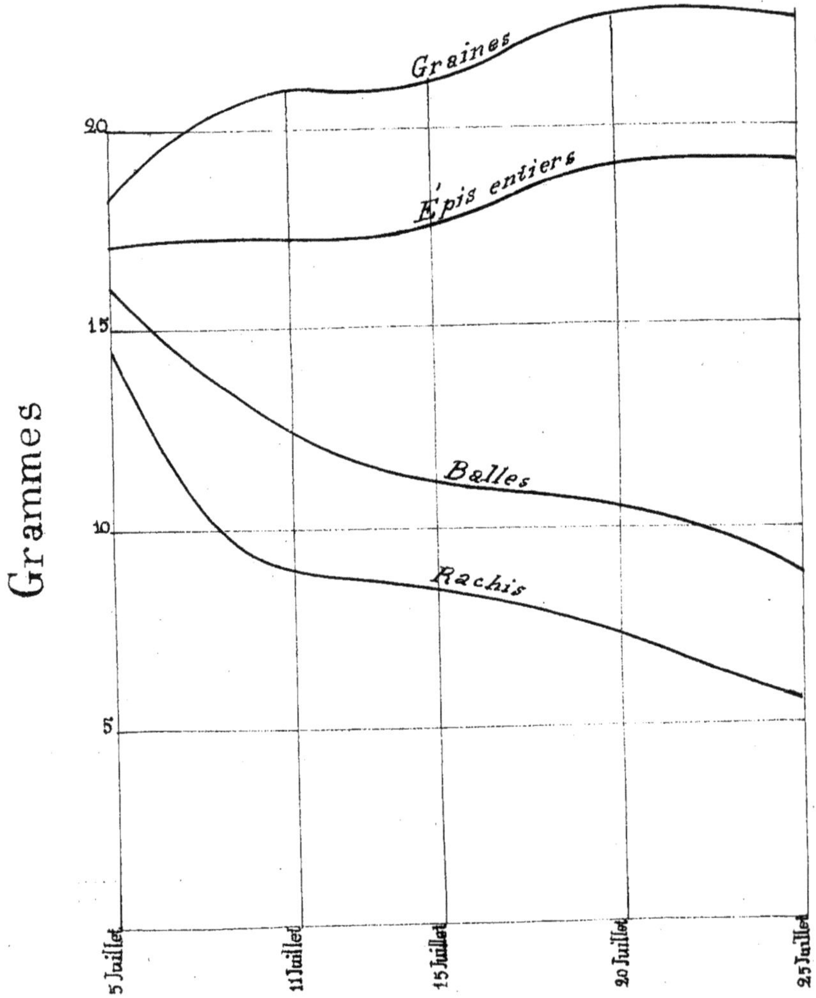

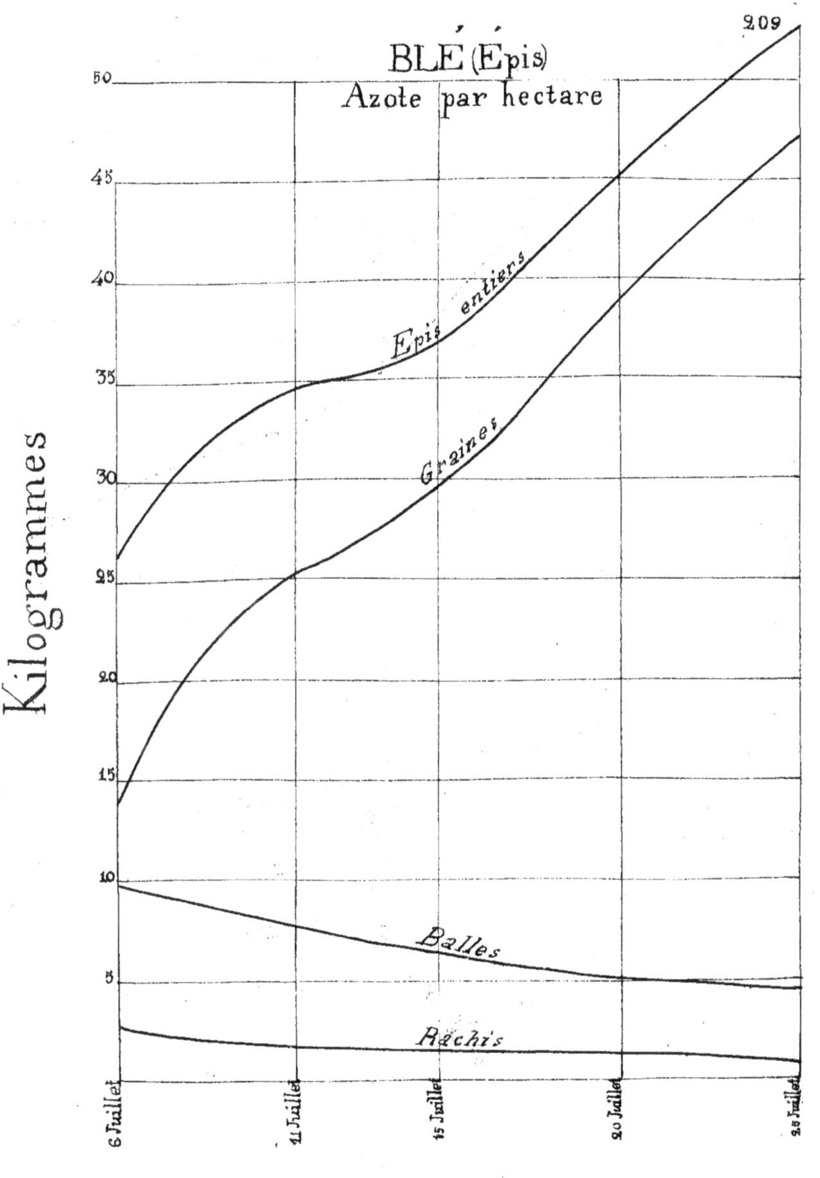
209
BLÉ (Épis)
Azote par hectare
Kilogrammes
Épis entiers
Graines
Balles
Rachis
50
45
40
35
30
25
20
15
10
5
6 Juillet
11 Juillet
15 Juillet
20 Juillet
25 Juillet

BLÉ (Épis)
Acide phosphorique par kilog.

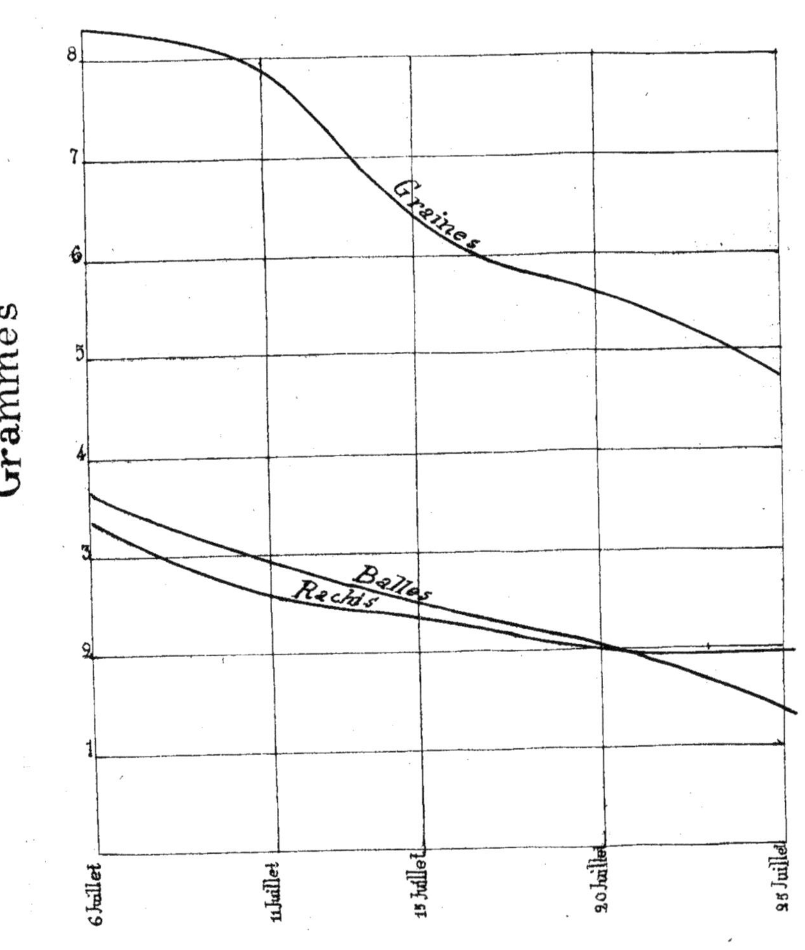

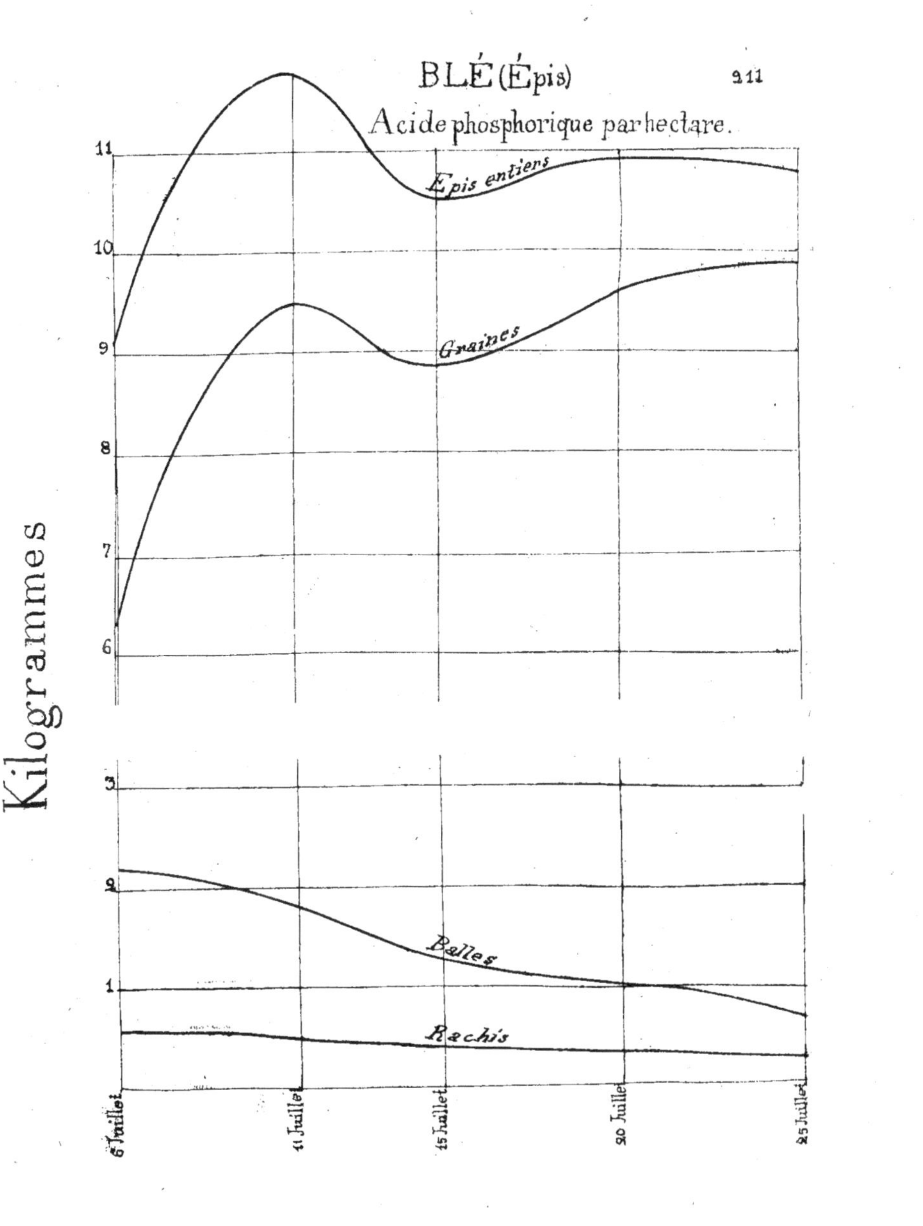

BLÉ (Épis)
211
Acide phosphorique par hectare.
Kilogrammes
11
10
9
8
7
6
Épis entiers
Graines
3
2
1
Balles
Rachis
5 Juillet
11 Juillet
15 Juillet
20 Juillet
25 Juillet

BLÉ (Épis)

Potasse par kilogr.

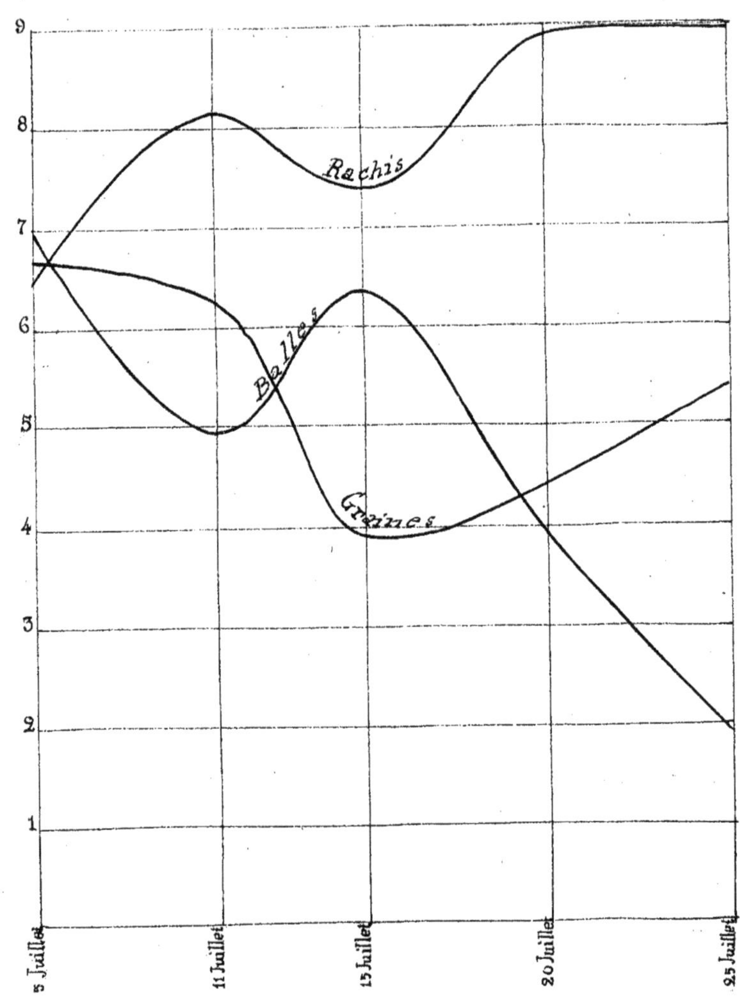

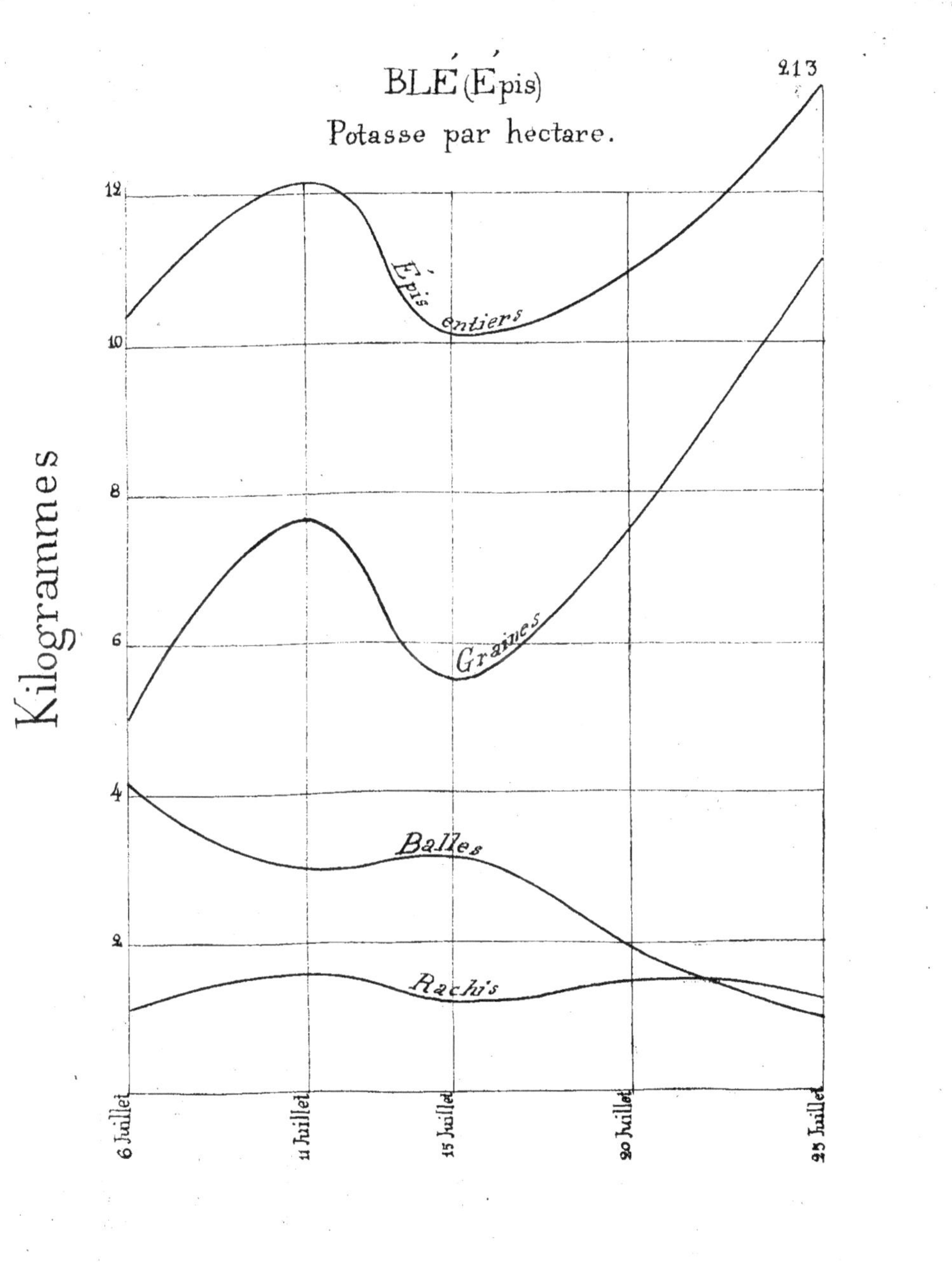

BLÉ (Épis)
Potasse par hectare.
Kilogrammes
12
10
8
6
4
2
Épis entiers
Graines
Balles
Rachis
6 Juillet
11 Juillet
15 Juillet
20 Juillet
25 Juillet

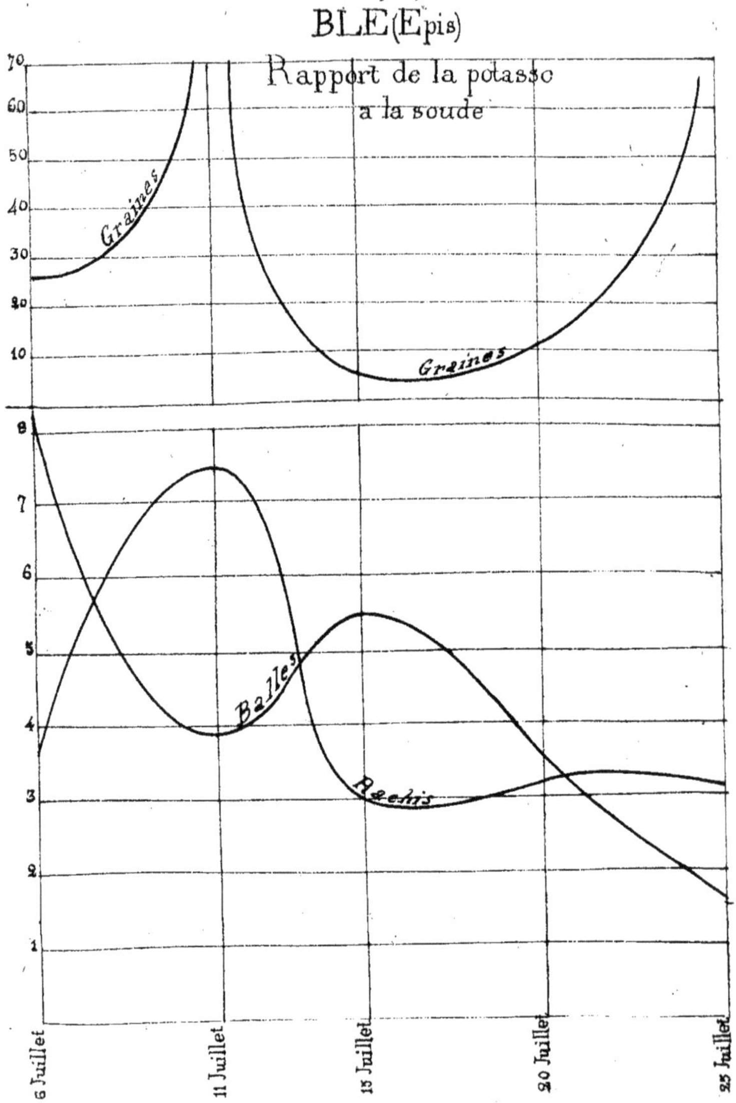

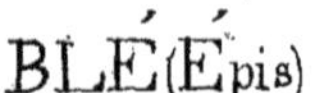

BLÉ (Épis)
Rapport de la potasse
a la soude
70
60
50
40
30
20
10
Graines
Graines
8
7
6
5
4
3
2
1
Balle
Rachis
6 Juillet
11 Juillet
15 Juillet
20 Juillet
25 Juillet

BLÉ (Épis)
Magnésie par kilogr.

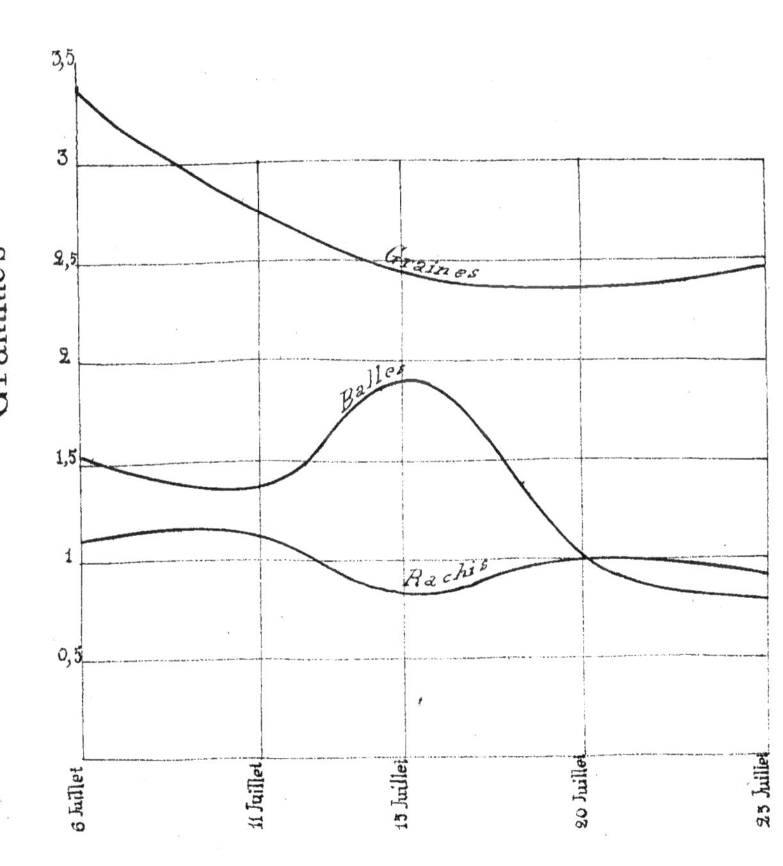

BLÉ (Épis)
Magnésie par hectare.

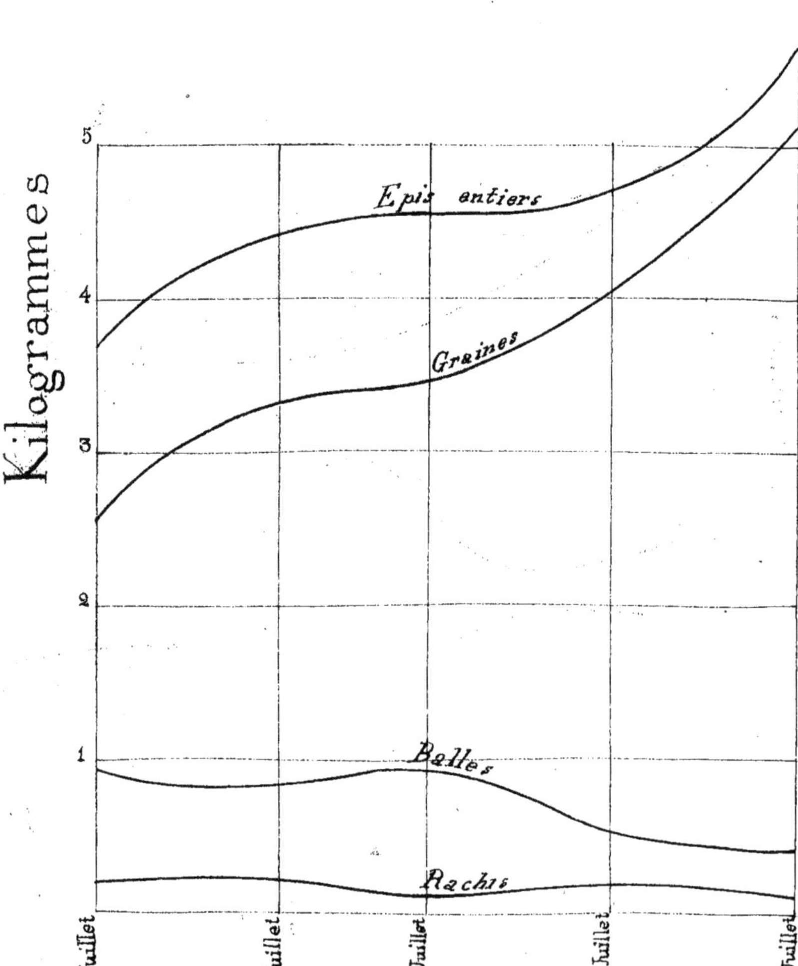

BLÉ (Épis)
Chaux par kilogramme.

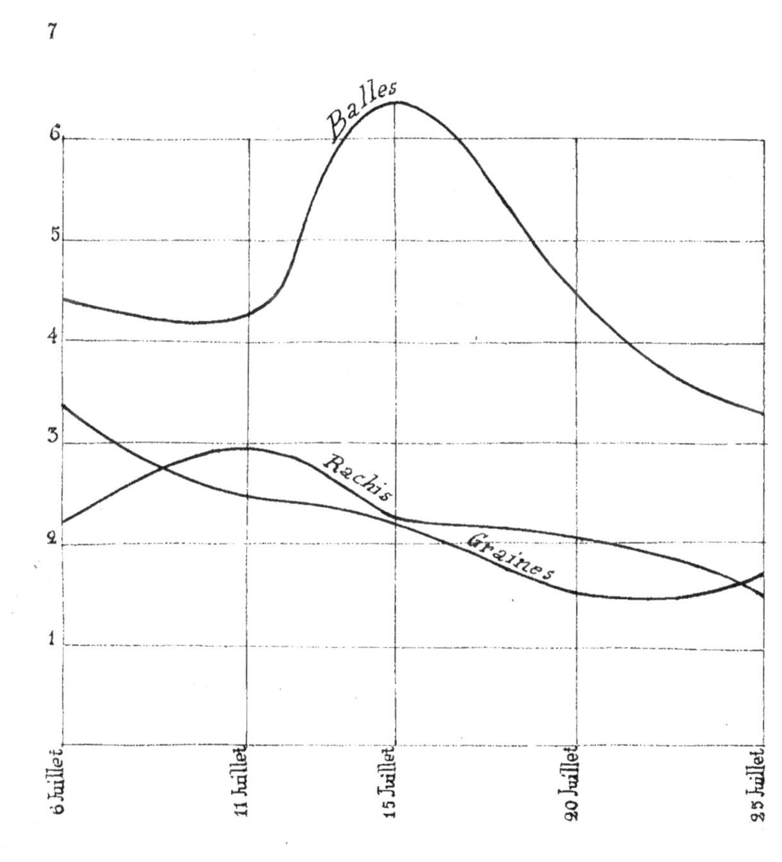

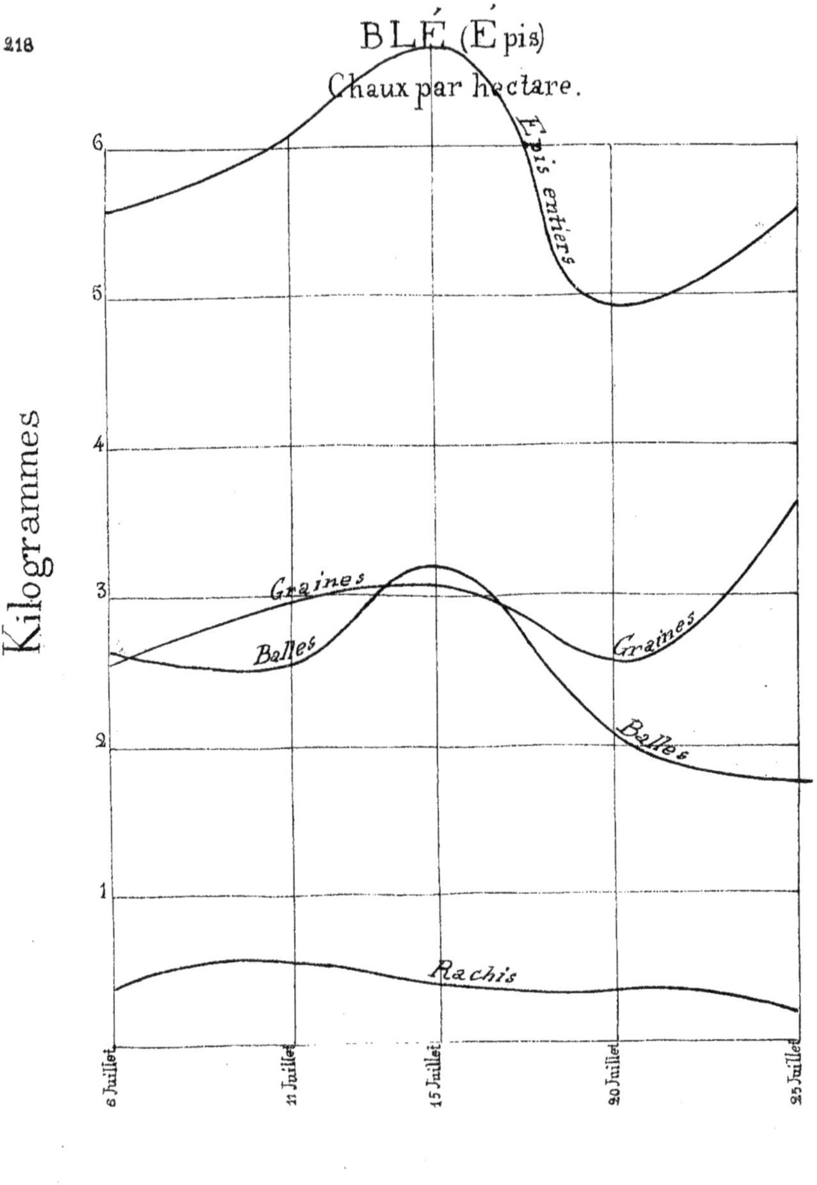

BLÉ (Épis)
Chaux par hectare.
Kilogrammes
6
5
4
3
2
1
Épis entiers
Graines
Balles
Graines
Balles
Rachis
6 Juillet
11 Juillet
15 Juillet
20 Juillet
25 Juillet

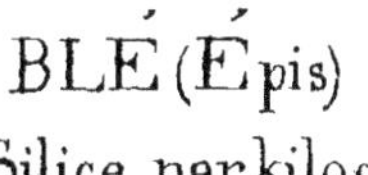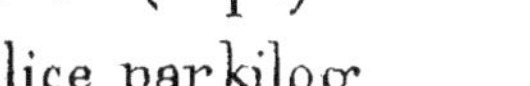

BLÉ (Épis)

Silice par kilog.

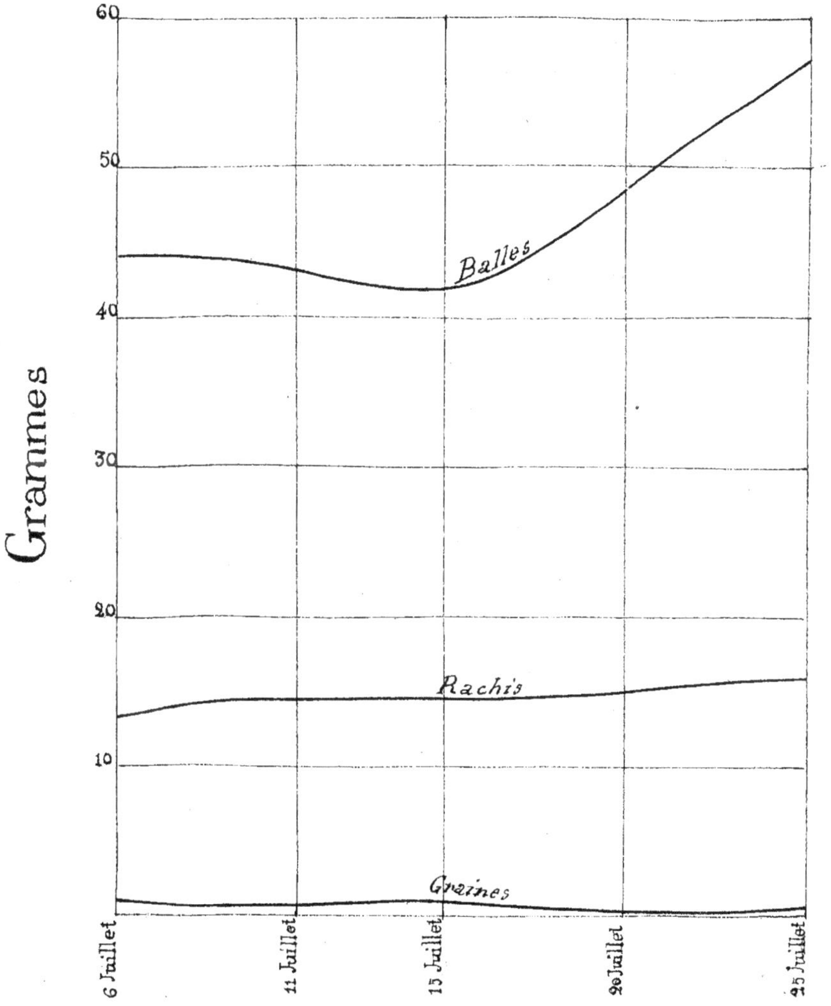

BLÉ (Épis)

Silice par hectare.

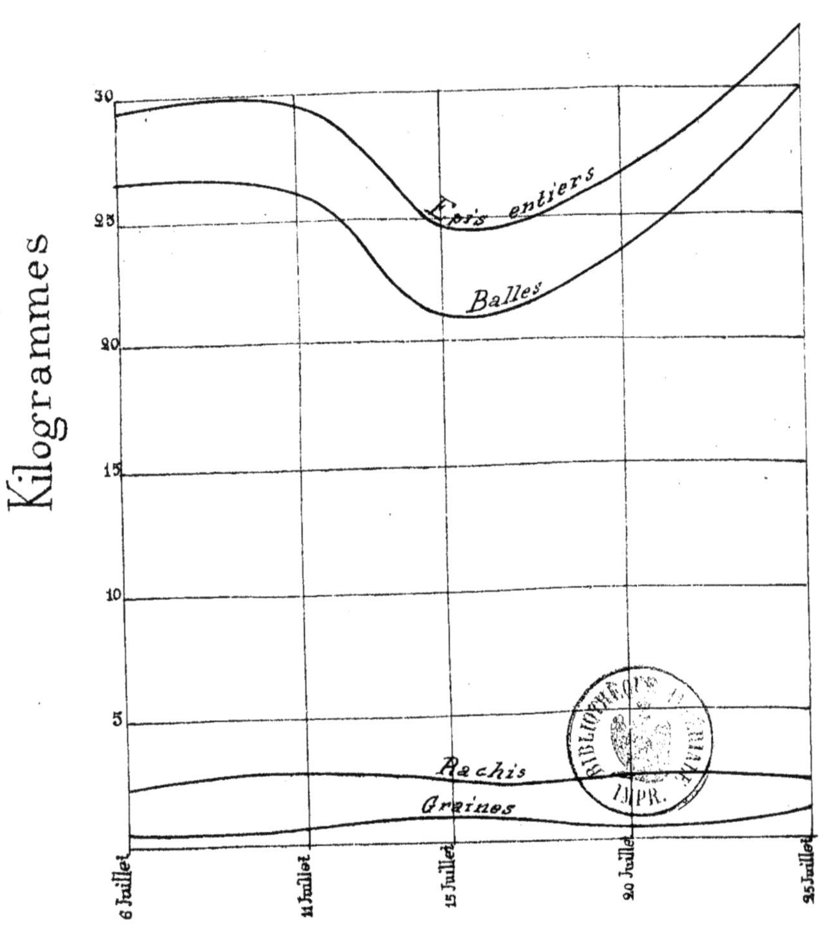

www.ingramcontent.com/pod-product-compliance
Ingram Content Group UK Ltd.
Pitfield, Milton Keynes, MK11 3LW, UK
UKHW021516090726
13657UKWH00001B/276